U0187305

计算机企业核心技术丛书

提示工程

方法、技巧与行业应用

张祺 姜大昕 顾大伟 李烨 濮小佳 麻婧
侯鸿志 周乾荣 金彤 韩慧昌 潘旺 龙继东
路瑶 章丹颂 欧阳一虹 何俊桦 刘炜 著

Prompt Engineering
Methods, Techniques, and Industry Applications

机械工业出版社
CHINA MACHINE PRESS

图书在版编目（CIP）数据

提示工程：方法、技巧与行业应用 / 张祺等著 . —北京：机械工业出版社，2024.1

（计算机企业核心技术丛书）

ISBN 978-7-111-75050-5

Ⅰ.①提…　Ⅱ.①张…　Ⅲ.①自然语言处理　Ⅳ.① TP391

中国国家版本馆 CIP 数据核字（2024）第 026648 号

机械工业出版社（北京市百万庄大街 22 号　邮政编码 100037）
策划编辑：梁　伟　　　　　　　　责任编辑：梁　伟　　韩　飞
责任校对：闫玥红　　薄萌钰　　封面设计：马若濛
责任印制：张　博
北京联兴盛业印刷股份有限公司印刷
2024 年 3 月第 1 版第 1 次印刷
148mm×210mm・8.75 印张・3 插页・242 千字
标准书号：ISBN 978-7-111-75050-5
定价：85.00 元

电话服务　　　　　　　　　　网络服务
客服电话：010-88361066　　机　工　官　网：www.cmpbook.com
　　　　　010-88379833　　机　工　官　博：weibo.com/cmp1952
　　　　　010-68326294　　金　书　网：www.golden-book.com
封底无防伪标均为盗版　　　机工教育服务网：www.cmpedu.com

Foreword 序　言

　　很高兴有机会为微软全球资深副总裁张祺博士等多位微软工程师倾力撰写的这本书作序。这本书是对当前人工智能技术尤其是提示工程领域的全面解读。

　　在当前数字经济的大潮中，中国的人工智能产业正展现出前所未有的发展速度和潜力。算力和网络如同数字经济的脊梁，正在成为新时代的公共基础设施，推动着从数据处理到深度学习模型的每一步进展。

　　随着我们步入超万亿参数模型的新纪元，传统的计算模式已无法满足需求，而并行训练的方法正成为新的标准。生态的完善，是技术创新与应用实践的关键。它不仅连接着产业链的各个环节，更为人才培养和知识共享提供了肥沃的土壤。

　　提示工程作为连接大模型与实际应用的桥梁，其重要性不言而喻。它不仅让业务专家能够更直接地利用大模型，还让没有计算机技术背景的普通人也能通过自然语言的提示来解决实际问题。这一点，正是人工智能技术最为核心的价值所在——让技术服务于人类，而非相反。

　　这本书是张祺博士及其团队深厚技术积累和深入浅出传授知识的

能力的体现。它不仅对提示工程的技术原理、应用场景进行了详细阐释，更展望了其未来的发展方向，既适合初学者阅读，也适合在职工程师深入学习。

通过阅读这本书，读者不仅能够了解到提示工程的最新动态，更能从中获得实际操作大模型的灵感和指导，为自己在人工智能领域的探索之路增添宝贵的知识财富。

我由衷希望这本书能够激发更多人对人工智能的兴趣，帮助他们在这个快速发展的领域中找到自己的位置，成为人工智能变革的参与者和受益者。

最后，祝愿这本书能够成为推动人工智能行业发展的助力，也希望每一位读者都能从中获得启发和收获。

——抓住开启 AI 创新世界的金钥匙

2023 年伊始，微软全球 CEO 萨提亚·纳德拉在瑞士达沃斯参加世界经济论坛时表示："AI 的黄金时代已经到来。"

作为一名从事机器学习、大数据、人工智能算法研究与开发工作超过 20 年的计算机工程师，看到 ChatGPT、大语言模型、AIGC 仿佛在一夜之间成为家喻户晓的"热词"和全球关注的焦点，我感到既欣慰又兴奋，与之俱来的，还有一种时不我待的紧迫感。

历史告诉我们，科研突破往往不会立竿见影地造福人们的社会生活：在蒸汽机发明大约一个世纪之后，人类才真正迎来了第一次工业革命的大潮；从需要一组人不断接线才能使用的第一台电子计算机到实现"每个人桌上有一台 PC"的梦想，也经过了差不多 50 年的时间。

今天的我们，对于这一轮 AI 技术革命的期待要迫切得多：令人惊艳的第一印象，让整个世界对大语言模型寄予了厚望，从全球经济、行业发展到企业创新，乃至每个人的职业生涯和生活体验，人们迫不及待地希望 AI 能够开启一扇通向无限创新的大门。正因如此，准确地激发大语言模型和 AIGC 的最大潜力，让颠覆性的技术变革在第一时间产生最大效益，成了我们这些 AI 从业者的当务之急。

这也是驱动我们编写本书的动力。我们相信，本书所探讨的主题

"提示工程"，将成为引导更多人开启 AI 创新世界的一把金钥匙。

大语言模型把"人工智能"从专属于开发者、程序员、工程师的技术词汇，变成了每个人手机和计算机上触手可及的"智能副驾"。大语言模型几乎无所不能，它不但为人工智能的普及开辟了新的路径，让没有任何编程基础、算法知识的普通人，也能用自己最熟悉的自然语言与模型"交谈"，借助 AI 的智慧来搜索信息、撰写文章、绘制图画、编写代码，而且改变了我们创新、投资的路径和模式，让每个人都有机会成为"一人即团队"的"单人创业家"。

驾驭大语言模型的关键，在于学会如何提问——正如现代心理学奠基人卡尔·荣格所说："正确的提问，已经解决了一半的问题"。今天，经过良好训练的大语言模型能够通过对语言的量化分析，读懂人类的意图，但同时我们也发现，模型的输出并不总是符合我们的预期。有时，同一个问题，仅因为表达方式的微小变化，模型的回答可能就会大相径庭。这带来了一个问题：如何确保我们能更精确地获取模型的预期输出呢？答案就是"提示工程"——用循循善诱的方式让 AI 更高效地产出更准确的结果，这也是我们希望能通过本书完整阐释的课题。

本书最大的特点在于注重实战，编写团队成员是来自微软（亚洲）互联网工程院的十几位工程师、科学家，其中不乏引领当今全球人工智能与大语言模型研究前沿的领军人物。在内容上，本书以大语言模型研究及人工智能范式的沿革为背景，致力于从发展历程、技术原理、实用技巧、应用场景等不同维度出发，结合 ChatGPT、Copilot、AIGC 等场景中提示工程的实际应用和成功案例，向读者全方位展现现阶段"提示工程"的发展状况。同时，书中还围绕大语言模型及提示工程在法律、医疗、金融等领域的最新实践案例及其面向未来的潜在商业机会进行了充分探讨，希望能够激发读者的更多创新灵感。

作为人工智能领域的研究者，我们参与和见证了 AI 技术迭代发展的曲折历程，有幸迎来了今天大语言模型爆发式发展的黄金时代。与此同时，我们更希望能让更多来自行业之外的企业家、创业者、爱好者等，感受并参与到这场技术变革之中。

我们由衷地希望本书能够帮助大家从提示工程入手，学习、理解和驾驭大语言模型，循序渐进地构建面向 AI 时代的思维逻辑和创新范式，从而真正激发出 AI 技术的最大潜能！

微软全球资深副总裁

张祺

目 录 *Contents*

·

序言
前言

认识大语言模型和 ChatGPT

1.1 大语言模型基础

1.1.1 什么是语言模型

在探索大语言模型的世界之前，我们首先需要理解语言模型的基础概念。语言模型是自然语言处理（NLP）中的核心概念，它是计算机理解和生成自然语言的关键。所谓的语言模型，简单地说，就是一个可以计算语言（或文本）概率分布的模型。换句话说，语言模型的任务就是估计一个句子或者一个词序列出现的概率。

在理解语言模型时，我们需要把握两个重要概念。首先，语言模型是基于概率的。它会给每个可能的词序列赋予一个概率值，这个概率值衡量了这个词序列在真实世界中出现的可能性。例如，对于英语句子"A cat sits on the mat."和"The cat sit on mat.",一个好的语言模型会给前者分配更高的概率，因为前者更符合英语语法和习惯用语。其次，语言模型是生成模型。给定一个词序列，它可以预测下一个词是什么。例如，如果我们输入"The cat is on the",

语言模型可能会预测"mat"作为下一个词，因为这是一个在语料库中常见的词序列。

数学上来说，可以将语言模型写作

$$P(w_1, w_2, \cdots, w_n)$$

其中，$w_1, w_2, \cdots, w_n$ 表示一个词序列，$P(w_1, w_2, \cdots, w_n)$ 表示这个词序列出现的概率。根据链式法则，这个概率可以分解为：

$$P(w_1, w_2, \cdots, w_n) = P(w_1) P(w_2 | w_1) P(w_3 | w_1, w_2) \cdots P(w_n | w_1, w_2, \cdots, w_{n-1})$$

其中，$P(w_i | w_1, w_2, \cdots, w_{i-1})$ 表示在给定前 $i-1$ 个词的条件下第 i 个词出现的概率，称为条件概率。语言模型的目标就是根据训练数据，学习这些条件概率的分布，并用它们来预测或生成新的词序列。

语言模型可以用来度量一个词序列的自然程度，即它与自然语言文本的相似度。一般来说，一个词序列的概率越高，它就越自然，反之则越不自然。因此，语言模型可以用来评估一个词序列是否符合自然语言的规律和习惯。

语言模型也可以用来生成新的词序列，即根据给定的前缀或上下文，生成后缀或下一个词。一般来说，生成新的词序列有以下两种方法。

（1）贪心法　每次选择最有可能的下一个词，即：

$$w_i = \arg \max_{w_i} P(w_i | w_1, w_2, \cdots, w_{i-1})$$

其中，w_i 表示生成的第 i 个词。这种方法简单快速，但是可能会陷入局部最优解，导致生成的词序列缺乏多样性和连贯性。

（2）采样法　每次从所有可能的下一个词中随机抽取一个，即：

$$w_i \sim P(w_i | w_1, w_2, \cdots, w_{i-1})$$

其中，w_i 表示生成的第 i 个词。这种方法可以增加生成的多样性和想象力，但是可能会导致生成的词序列不合理或不通顺。

语言模型在自然语言处理领域有着广泛的应用，例如：

机器翻译。语言模型可以用来评估翻译候选的质量，也可以用来生成翻译结果。一般来说，机器翻译系统会根据源语言文本和目标语言文本之间的对应关系（称为对齐），生成多个翻译候选（称为假设）。然后，机器翻译系统会用语言模型来计算每个翻译候选在目标语言中出现的概率，选择概率最高的候选作为最终的翻译结果。语言模型可以保证翻译结果在目标语言中是自然和流畅的。此外，语言模型也可以用来直接生成翻译结果，即根据源语言文本和对齐信息，生成目标语言文本。

语音识别。语言模型可以用来纠正语音识别的错误，也可以用来提高语音识别的准确率。一般来说，语音识别系统会根据声音信号和声学模型，生成多个识别候选（称为假设）。然后，语音识别系统会用语言模型来计算每个识别候选在自然语言中出现的概率，选择概率最高的候选作为最终的识别结果。语言模型可以保证识别结果在自然语言中是合理和通顺的。此外，语言模型也可以用来直接生成识别结果，即根据声音信号和声学模型，生成自然语言文本。

文本摘要。语言模型可以用来生成文本摘要，也可以用来评估文本摘要的质量。一般来说，文本摘要系统会根据原文和摘要模型，生成一个或多个摘要候选（称为假设）。然后，文本摘要系统会用语言模型来计算每个摘要候选在自然语言中出现的概率，选择概率最高的候选作为最终的摘要结果。语言模型可以保证摘要结果在自然语言中是简洁和清晰的。此外，语言模型也可以用来直接生成摘要结果，即根据原文和摘要模型，生成自然语言文本。

文本生成。语言模型可以用来生成各种类型的文本，例如新闻、故事、对话等。一般来说，文本生成系统会根据给定的主题或上下文和生成模型，生成一个或多个文本候选（称为假设）。然后，文本生成系统会用语言模型来计算每个文本候选在自然语言中出现的概率，选择概率最高的候选作为最终的文本结果。语言模型可以保证文本结果在自然语言中是有趣和引人入胜的。此外，语言模型也可以用来直接生成文本结果，即根据给定的主题或上下文和生成模型，生成自然语言文本。

1.1.2 语言模型的历史

语言模型，也称为概率语言模型，是自然语言处理领域的一项极为重要的技术，它是许多自然语言处理任务的核心。尽管语言模型的发展可以追溯至更早，但语言模型的崛起和快速发展大约始于2000 年前后。伴随着统计自然语言处理和机器学习技术的发展，过去 20 多年来，语言模型取得了令人瞩目的成就并成为自然语言处理领域最重要的一个分支。

前面我们介绍了语言模型的多种应用，事实上早期的语言模型就是为了解决语音识别问题而出现的，之后逐渐被用于各种不同的应用中，并获得了更广泛的关注。

早期的语言模型主要采用统计方法，例如 *n*-gram 模型利用词序列出现的频率来进行概率估计。然而，这种方法面临着数据稀疏性和过拟合问题，无法很好地处理长序列和未知数据。

随着深度学习和神经网络的兴起，语言模型开始采用神经网络模型，例如循环神经网络（RNN）、长短期记忆（LSTM）和门控循环单元（GRU）。这类模型能够从大量数据中学习复杂的结构和抽象，解决了统计模型所面临的诸多问题。尤其在处理长序列和预测未知数据方面，它们取得了显著的成果。

近年来，随着大规模预训练模型和自注意力机制的出现，如BERT（Bidirectional Encoder Representations from Transformers，来自Transformer 的双向编码器表示）、GPT（Generative Pre-trained Transformer，生成式预训练 Transformer 模型）和 UniLM 等，语言模型实现了进一步的提升。通过采用 Transformer 架构以及其他独特的训练和初始化策略，这些模型在许多自然语言处理任务中取得了突破性成果。不论是生成式任务（例如对话生成）还是判别式任务（如问答系统、情感分析等），预训练语言模型已成为当前自然语言研究和应用的基础。

2022 年底，OpenAI 公司发布了 ChatGPT 模型，这是一个以GPT-3.5 模型为基础的生成式语言模型。与传统语言模型不同的是，ChatGPT 不但能生成符合语言规范的句子（词序列），而且它生成的内容还能够回答人类提出的各种问题。ChatGPT 问世之后，生成式语言模型的发展进入了快车道，谷歌、百度、科大讯飞等企业都快速推出了自己的相关产品。

以 ChatGPT 为代表的生成式语言模型将文本作为人机交互接口，这为其应用带来了很高的灵活性。模型不仅能够出色地解决诸如文本分类、内容摘要等众多传统自然语言处理问题，还展示了强大的泛化能力和高度的通用性。在实际应用场景中，这类语言模型通常被用作通用的问答模型或推理模型。这些新型模型的出现拓展了人工智能技术的能力边界，并改变了人工智能技术的应用范式，为行业带来了革命性的影响。通过文本输入来控制模型完成任务的研究领域被称为提示学习（prompt learning），而对模型输入的构造方式的研究则被称为提示工程（prompt engineering），这也是本书阐述的重点内容。

虽然以 ChatGPT 为代表的生成式语言模型的能力强大，但该技术仍面临诸多挑战，例如模型可解释性不足，正确性难以保证，以及训练成本高昂等。尽管如此，但在研究的深入和技术的不断进步下，可以期待在不久的将来出现更高效、可靠和智能的语言模型。这将为自然语言处理领域乃至整个人工智能领域提供更多的可能性。

1.1.3 基础语言模型的种类

基础语言模型可以根据使用的方法和技术，分为两大类：统计语言模型和神经网络语言模型。

统计语言模型是一种基于概率统计的语言模型，它使用有限的历史信息来预测下一个词的概率分布。统计语言模型的代表是 n-gram 模型。

n-gram 模型的优点是简单易实现，速度快，效果稳定。n-gram 模型的缺点是无法捕捉长距离的依赖关系，需要大量的训练数据，容易产生数据稀疏和过拟合的问题。

神经网络语言模型是一种基于神经网络的语言模型，它使用分布式的向量表示来表示词和句子，并用神经网络来学习和预测下一个词的概率分布。神经网络语言模型的代表是循环神经网络（RNN）语言模型，它使用一个循环神经网络来处理变长的词序列，并在每个时间步输出下一个词的概率分布。循环神经网络可以用不同的结构来实现，例如长短期记忆（LSTM）和门控循环单元（GRU）。神经网络语言模型的优点是能够捕捉长距离的依赖关系，不需要大量的训练数据，能够解决数据稀疏和过拟合的问题。神经网络语言模型的缺点是复杂难实现，速度慢，效果不稳定。

1. n-gram 模型

n-gram 模型是一种基于 n 元语法的统计语言模型，它假设一个词只依赖于它前面的 $n-1$ 个词，即：

$$P(w_i \mid w_1, w_2, \cdots, w_{i-1}) \approx P(w_i \mid w_{i-n+1}, \cdots, w_{i-1})$$

其中，n 表示历史窗口的大小，称为 n-gram 的阶数。例如，当 $n=2$ 时，称为二元语法，当 $n=3$ 时，称为三元语法。n-gram 模型可以根据训练数据中词序列出现的频率，估计条件概率的分布。例如，对于一个三元语法模型，可以用以下公式来估计条件概率：

$$P(w_i \mid w_{i-2}, w_{i-1}) = \frac{C(w_{i-2}, w_{i-1}, w_i)}{C(w_{i-2}, w_{i-1})}$$

其中，$C(w_{i-2}, w_{i-1}, w_i)$ 表示训练数据中三元组 (w_{i-2}, w_{i-1}, w_i) 出现的次数，$C(w_{i-2}, w_{i-1})$ 表示训练数据中二元组 (w_{i-2}, w_{i-1}) 出现的次数。

例如，假设有一个句子"I love Beijing City."，可以将其分割成以下的 n-gram。

❑ 一元（unigram）模型：I，love，Beijing，City

❑ 二元（bigram）模型：I love，love Beijing，Beijing City

❑ 三元（trigram）模型：I love Beijing，love Beijing City

根据链式法则，可以将句子的概率表示为：

$$P \text{（I love Beijing City）} = P \text{（I）} \, P \text{（love | I）} \, P \text{（Beijing | I love）}$$
$$P \text{（City | love Beijing）}$$

如果使用二元模型来近似这个概率，可以利用马尔可夫假设，即每个词只与前一个词相关，忽略更远的词的影响。那么可以写成：

$$P\,(\text{I love Beijing City}) \approx P\,(\text{I})\,P\,(\text{love} \mid \text{I})\,P\,(\text{Beijing} \mid \text{love})$$
$$P\,(\text{City} \mid \text{Beijing})$$

这样就简化了计算的复杂度。我们可以通过统计每个 bigram 在文本中出现的次数来估计条件概率。例如，如果文本中有 1000 个词，其中"I"出现了 50 次，"I love"出现了 10 次，"love"出现了 20 次，"love Beijing"出现了 5 次，"Beijing"出现了 30 次，"Beijing City"出现了 2 次，"City"出现了 10 次，那么可以得到：

$$P\,(\text{I}) = 50/1000 = 0.05 \quad P\,(\text{love} \mid \text{I}) = 10/50 = 0.2$$
$$P\,(\text{Beijing} \mid \text{love}) = 5/20 = 0.25 \quad P\,(\text{City} \mid \text{Beijing}) = 2/30 \approx 0.067$$

因此，$P(\text{I love Beijing City}) \approx 0.05 \times 0.2 \times 0.25 \times 0.067 = 0.000\,167\,5$。

当然，这个概率值并不一定准确，因为它依赖于文本的规模和质量。而且，如果有一些词或者词组在文本中没有出现过，那么它们的概率就会是零，导致整个句子的概率也是零。这就是数据稀疏问题。为了解决这个问题，需要使用一些平滑技术（smoothing technique），例如加一平滑（Laplace smoothing），给每个 n-gram 加上一个小的常数来避免零概率。

2. RNN 语言模型

RNN 语言模型是一种基于循环神经网络的神经网络语言模型，它的架构如图 1-1 所示。循环神经网络是一种能够处理序列数据的神经网络，它由一个输入层、一个隐藏层和一个输出层组成。隐藏层具有循环连接，即隐藏层的状态不仅取决于当前输入，还取决于上一个时间步的状态。这样，隐藏层可以记忆和传递历史信息，从而捕捉词序列中的依赖关系。RNN 语言模型可以用以下公式来表示：

$$h_t = f(W_x x_t + W_h h_{t-1} + b_h)$$
$$y_t = g(W_y h_t + b_y)$$
$$P(w_t \mid w_1, w_2, \cdots, w_{t-1}) = \text{soft max}(y_t)$$

其中，x_t 表示第 t 个词的向量表示，h_t 表示第 t 个时间步的隐藏层状态，y_t 表示第 t 个时间步的输出层状态，W_x, W_h, W_y, b_h, b_y 表示可学习的参数矩阵或向量，f 和 g 表示激活函数，softmax 表示归一化函数。RNN 语言模型可以根据训练数据中的词序列，通过反向传播（backpropagation）算法和随机梯度下降（stochastic gradient descent）算法来学习参数，并用它们来预测或生成新的词序列。为了解决RNN 语言模型复杂难实现、速度慢、效果不稳定的问题，可以采用一些技术，例如截断反向传播（truncated backpropagation）、梯度裁剪（gradient clipping）、正则化（regularization）、优化器（optimizer）等。

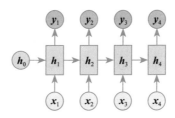

图 1-1　RNN 模型架构

3. LSTM 语言模型

LSTM 语言模型是一种基于长短期记忆的 RNN 语言模型，它的架构如图 1-2 所示。它使用一个 LSTM 网络来处理变长的词序列，并在每个时间步输出下一个词的概率分布。LSTM 网络是一种特殊的 RNN，它由一个输入门、一个遗忘门、一个输出门和一个记忆单元组成。输入门负责决定是否接受当前输入，遗忘门负责决定是否保留历史信息，输出门负责决定是否输出当前状态，记忆单元负责存储和更新长期信息。这样，LSTM 网络可以有效地解决 RNN 中的梯度消失或爆炸问题，从而学习更长距离的依赖关系。LSTM 语言模型可以用以下公式来表示：

$$i_t = \sigma(W_{xi}x_t + W_{hi}h_{t-1} + W_{ci}c_{t-1} + b_i)$$
$$f_t = \sigma(W_{xf}x_t + W_{hf}h_{t-1} + W_{cf}c_{t-1} + b_f)$$
$$o_t = \sigma(W_{xo}x_t + W_{ho}h_{t-1} + W_{co}c_t + b_o)$$
$$\tilde{c}_t = \tanh(W_{xc}x_t + W_{hc}h_{t-1} + b_c)$$
$$c_t = f_t \odot c_{t-1} + i_t \odot \tilde{c}_t$$
$$h_t = o_t \odot \tanh(c_t)$$

$$y_t = g(W_{yh}h_t + b_y)$$
$$P(w_t \mid w_1, w_2, \cdots, w_{t-1}) = \text{softmax}(y_t)$$

其中，i_t, f_t, o_t, $\tilde{c}_t$, c_t, h_t, y_t 分别表示第 t 个时间步的输入门状态、遗忘门状态、输出门状态、候选记忆单元状态、记忆单元状态、隐藏层状态和输出层状态，W_{xi}, W_{hi}, W_{ci}, W_{xf}, W_{hf}, W_{cf}, W_{xo}, W_{ho}, W_{co}, W_{xc}, W_{hc}, W_{yh}, b_i, b_f, b_o, b_c, b_y 表示可学习的参数矩阵或向量，σ 表示 sigmoid 函数，tanh 表示双曲正切函数，$\odot$ 表示逐元素相乘，g 表示激活函数，softmax 表示归一化函数。LSTM 语言模型可以根据训练数据中的词序列，通过反向传播算法和随机梯度下降法来学习参数，并用它们来预测或生成新的词序列。LSTM 语言模型继承了 RNN 语言模型的优点，并且能够更好地处理长距离的依赖关系。

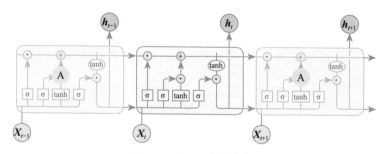

图 1-2　LSTM 模型架构

4. GRU 语言模型

GRU 语言模型是一种基于门控循环单元的 RNN 语言模型，它的架构如图 1-3 所示。它使用一个 GRU 网络来处理变长的词序列，并在每个时间步输出下一个词的概率分布。GRU 网络是一种特殊的 RNN 网络，它由一个重置门、一个更新门和一个记忆单元组成。重置门负责决定是否重置历史信息，更新门负责决定是否更新当前状态，记忆单元负责存储和输出当前状态。GRU 网络可以看作 LSTM 网络的简化版本，它将输入门和遗忘门合并为一个更新门，将记忆单元和隐藏层合并为一个状态。这样，GRU 网络可以减少参数的数量，提高计算效率。GRU 语言模型可以用以下公式来表示：

$$r_t=\sigma(W_{xr}x_t+W_{hr}h_{t-1}+b_r)$$
$$z_t=\sigma(W_{xz}x_t+W_{hz}h_{t-1}+b_z)$$
$$\tilde{h}_t=\tanh(W_{xh}x_t+W_{hh}(r_t \odot h_{t-1})+b_h)$$
$$h_t=(1-z_t) \odot h_{t-1}+z_t \odot \tilde{h}_t$$
$$y_t=g(W_y h_t+b_y)$$
$$P(w_t \mid w_1,w_2,\cdots,w_{t-1})=\mathrm{softmax}(y_t)$$

其中，r_t, z_t, $\tilde{h}_t$, h_t, y_t 分别表示第 t 个时间步的重置门状态、更新门状态、候选隐藏层状态、隐藏层状态和输出层状态，W_{xr},W_{hr},W_{xz}, $W_{hz},W_{xh},W_{hh},W_y,b_r,b_z,b_h,b_y$ 表示可学习的参数矩阵或向量，σ 表示 sigmoid 函数，tanh 表示双曲正切函数，$\odot$ 表示逐元素相乘，g 表示激活函数，softmax 表示归一化函数。GRU 语言模型可以根据训练数据中的词序列，通过反向传播算法和随机梯度下降法来学习参数，并用它们来预测或生成新的词序列。GRU 语言模型继承了 RNN 语言模型的优点，并且能够更高效地处理长距离的依赖关系。

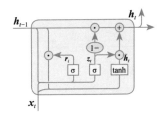

图 1-3　GRU 模型架构

1.1.4　基础语言模型的训练和评估

训练和评估是语言模型的两个重要环节，它们决定了语言模型的性能和效果。

语言模型的训练　语言模型的训练是指根据给定的训练数据，学习语言模型的参数，使得语言模型能够尽可能地拟合训练数据中的词序列分布。一般来说，语言模型的训练可以分为以下几个步骤。

1）数据预处理：数据预处理是指对原始的训练数据进行一些

必要的处理，例如分词、去除停用词、标准化、添加特殊符号等，使得训练数据符合语言模型的输入格式和要求。

2）参数初始化：参数初始化是指对语言模型的参数进行一些随机或规则的赋值，为后续的参数更新提供一个初始状态。参数初始化对于语言模型的收敛速度和最终效果有着重要的影响。

3）参数更新：参数更新是指根据训练数据中的词序列和语言模型的输出，计算语言模型的损失函数（loss function），并根据损失函数对语言模型的参数进行调整，使得损失函数达到最小值。参数更新是语言模型训练中最核心和最复杂的部分，它涉及多种算法和技术，例如反向传播（backpropagation）、随机梯度下降（stochastic gradient descent）、动量法（momentum）、自适应学习率（adaptive learning rate）等。

4）参数保存：参数保存是指在每个训练周期（epoch）或者每个训练批次（batch）后，将当前的语言模型参数保存到一个文件或者一个数据库中，以便后续的评估或使用。

语言模型的评估　语言模型的评估是指根据给定的测试数据，测试语言模型的性能和效果。一般来说，语言模型的评估可以分为以下几个步骤。

1）数据预处理：数据预处理是指对原始的测试数据进行一些必要的处理，例如分词、去除停用词、标准化、添加特殊符号等，使得测试数据符合语言模型的输入格式和要求。

2）模型加载：模型加载是指从一个文件或者一个数据库中读取已经训练好的语言模型参数，并将其加载到内存或者显存中，以便后续的计算或使用。

3）模型测试：模型测试是指根据测试数据中的词序列和语言模型的输出，计算语言模型的评估指标（evaluation metric），并根据评估指标对语言模型进行比较或排序。常用的评估指标有困惑度（perplexity）、精确度（accuracy）、召回率（recall）、F1值（F1-score）等。

4）模型生成：模型生成是指根据给定的主题或上下文和语言模型的输出，生成新的词序列，并用人工或自动化的方法对生成结果进行评价或反馈。生成结果可以用来展示或验证语言模型的能力和效果。

语言模型的训练和评估是相互影响和相互促进的过程，通过不断地训练和评估，可以不断地改进和优化语言模型的性能和效果。下面对具体的评估指标进行简要解释。

（1）困惑度 困惑度是一种衡量语言模型预测能力的评估指标，它反映了语言模型测试数据中词序列的不确定性或复杂度。困惑度越低，表示语言模型对测试数据中词序列的预测越准确，反之则越不准确。困惑度 perplexity 可以用以下公式来计算：

$$\text{perplexity}(M) = M(s)^{-1/n}$$
$$= \sqrt[n]{\prod_{k=1}^{n} \frac{1}{M(w_k \mid w_0 w_1 \cdots w_{k-1})}}$$

其中，$W = w_1, w_2, \cdots, w_n$ 表示一个词序列，$M(w_1, w_2, \cdots, w_n)$ 表示语言模型给出的词序列的概率，n 表示词序列的长度。困惑度可以看作语言模型给出的每个词的平均选择数，即语言模型在每个时间步需要从多少个候选词中选择一个最有可能的词。

我们通过一个例子来更好地理解什么是困惑度。

假设有一个简单的语言模型，试图预测英文句子中下一个词的概率。词汇表包含了以下词语："I"，"love"，"cats"，"and"，"dogs"。

测试集包含一个句子"I love cats"，而模型预测每个词的概率如下：

$$M(\text{“I”}) = 0.5$$
$$M(\text{“love”} \mid \text{“I”}) = 0.4$$
$$M(\text{“cats”} \mid \text{“I”}, \text{“love”}) = 0.7$$

在这个例子中，句子的概率是各个词概率的乘积：

$$M(\text{sentence}) = M(\text{“I”}) \times M(\text{“love”} \mid \text{“I”}) \times$$
$$M(\text{“cats”} \mid \text{“I”}, \text{“love”}) = 0.5 \times 0.4 \times 0.7 = 0.14$$

现在，为了计算困惑度，我们需要对句子的概率取倒数，并将结果的乘积开 n 次方（n 为句子的词数）。在这个例子中，n 等于 3。

所以，困惑度

$$perplexity = M(\text{sentence})^{-\frac{1}{n}} = 0.14^{-\frac{1}{3}} \approx 1.93$$

在这个特定的测试集和模型下，我们计算出的困惑度约为2.63。这个数字表示的是模型在预测下一个词时的平均不确定性或混淆程度。较低的困惑度表示模型对未来的预测更为准确。困惑度是一种通用的评估指标，它可以用于任何类型的语言模型和任何类型的任务。

（2）精确度　精确度是一种衡量语言模型预测正确性的评估指标，它反映了语言模型给出的预测结果与真实结果之间的一致程度。精确度越高，表示语言模型给出的预测结果越正确，反之则越不正确。精确度 ACC 可以用以下公式来计算：

$$ACC = \frac{TP + TN}{TP + TN + FP + FN}$$

其中，TP 表示真正例（true positive），即语言模型正确地预测了下一个词；TN 表示真负例（true negative），即语言模型正确地排除了下一个词；FP 表示假正例（false positive），即语言模型错误地预测了下一个词；FN 表示假负例（false negative），即语言模型错误地排除了下一个词。精确度可以看作语言模型给出的所有预测结果中正确结果的比例。精确度是一种简单直观的评估指标，它适用于二分类或多分类任务，例如文本分类、情感分析等。

（3）召回率　召回率是一种衡量语言模型覆盖能力的评估指标，它反映了语言模型能够正确地预测或生成多少真实结果。召回率越高，表示语言模型能够覆盖更多的真实结果，反之则覆盖更少。召回率 REC 可以用以下公式来计算：

$$REC = \frac{TP}{TP + FN}$$

其中，TP 和 FN 的含义与精确度相同。召回率可以看作真实结果中被语言模型正确地预测或生成的比例。召回率是一种重要的评估指标，它适用于召回类任务，例如信息检索、问答系统、文本生成等。

（4）F1 值　F1 值是一种综合衡量语言模型性能的评估指标，它反映了语言模型在预测正确性和覆盖能力之间的平衡程度。F1 值越高，表示语言模型在两方面都表现得越好，反之则表现得越差。F1 值可以用以下公式来计算：

$$F1 = \frac{2 \times PREC \times REC}{PREC + REC}$$

其中，PREC 表示精确率（precision），即 $PREC = \frac{TP}{TP + FP}$，REC 表示召回率，含义与上文相同。F1 值可以看作精确度和召回率的调和平均数，它能够兼顾语言模型的预测正确性和覆盖能力。F1 值是一种常用的评估指标，它适用于多种类型的任务，例如命名实体识别、关系抽取、文本摘要等。

1.1.5　什么是大语言模型

大语言模型是一种基于大规模的数据和参数的神经网络语言模型，它可以用来表示和生成自然语言的各种特征和任务。大语言模型的基本思想是，使用一个统一的神经网络结构和一个统一的预训练目标来学习自然语言的通用知识和能力，然后根据不同的下游任务和数据，进行微调（fine-tuning）或生成（generation），以达到特定的目的和效果。

大语言模型和基础语言模型的主要区别在于以下几个方面。

（1）数据规模　大语言模型使用的数据规模远远超过基础语言模型，通常达到数十亿甚至数万亿个词。这些数据来自不同的领域和来源，例如新闻、社交媒体、百科全书、文学作品等。这些数据可以覆盖自然语言的各种类型和风格，从而使得大语言模型能够学习到更丰富和更深层次的语言知识和能力。

（2）参数规模　大语言模型使用的参数规模也远远超过基础语言模型，通常达到数十亿甚至数百亿个参数。这些参数可以使得大语言模型具有更强大、更灵活的表达能力，从而能够捕捉到更复杂、更细粒度的语言特征和任务。

（3）网络结构 大语言模型使用的网络结构通常是基于自注意力（self-attention）机制的 Transformer（变换器）网络，它由多个编码器（encoder）层或解码器（decoder）层组成。Transformer 网络可以有效地处理长距离的依赖关系，同时具有高效并行化的优势。Transformer 网络也可以通过添加不同的组件或机制来增强其功能和性能，例如跨注意力（cross-attention）机制、稀疏注意力（sparse attention）机制、卷积神经网络（CNN）、循环神经网络（RNN）等。

（4）预训练目标 大语言模型使用的预训练目标通常是基于掩码（masking）或因果（causal）的自回归（autoregressive）或自编码（autoencoding）任务，它们可以使得大语言模型能够从无标注或少标注的数据中学习到自然语言的内在规律和结构。预训练目标也可以通过添加不同的约束或目标来增强其效果和泛化性，例如对比学习（contrastive learning）、多任务学习（multi-task learning）、知识蒸馏（knowledge distillation）等。

大语言模型在自然语言处理领域有着广泛而深远的影响，它可以用来实现或改进各种类型和层次的自然语言任务，例如文本分类、命名实体识别、关系抽取、文本摘要、机器翻译、问答系统、对话系统、文本生成等。大语言模型也可以用来探索或解决一些前沿而有挑战性的问题，例如常识推理（common sense reasoning）、知识表示（knowledge representation）、语言理解（language understanding）、语言生成（language generation）等。

1.2 大语言模型的类型

1.2.1 从左到右大语言模型

从左到右（Left-to-Right，LTR）大语言模型是一种用于学习自然语言的统计模型，它根据给定的上下文，预测下一个将出现的词。它的一般架构如图 1-4 所示。在从左到右大语言模型中，所有后面神经元的输出，只和之前的相关信息有关。例如，给定一个句子的前半部分，LTR 语言模型可以估计后半部分的可能性，或者给定一个词的前缀，LTR 语言模型可以生成可能的后缀。LTR 语言模型通常使用神经网络或 Transformer 等深度学习技术来建立复杂的语言表示。

LTR 语言模型有很多应用，例如机器翻译、文本生成、文本摘要、问答系统、拼写检查等。LTR 语言模型可以作为特征提取器或微调器，将预训练的语言表示应用到下游任务中。著名的 LTR 语言模型包括 OpenAI GPT、XLNet、GPT-2、GPT-3 等。

LTR 语言模型的优点是可以利用大量的无标注文本进行预训练，从而捕捉语言的通用知识和规律。它也可以灵活地适应不同的任务和领域，只需少量的任务特定数据和参数。此外，它可以生成流畅和连贯的文本，因为它始终考虑了前面的内容。

LTR 语言模型的缺点是不能同时考虑左右两边的上下文，因此可能忽略了一些重要的信息。例如，在自然语言推理或问答任务中，需要理解句子之间或问题和答案之间的关系，而单纯地从左到右生成文本可能不足以捕捉这些关系。

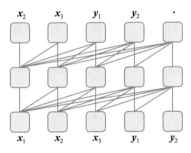

图 1-4　从左到右大语言模型架构

1.2.2　掩码语言模型

掩码语言模型（Mask Language Model，MLM）是一种用于学习自然语言的统计模型，它通过在输入序列中随机掩盖一些词或符号，然后根据剩余的上下文预测被掩盖的部分。它的网络架构如图 1-5 所示，每一个神经元和其他的神经元间都可能存在联系。例如，给定一个句子"我喜欢吃苹果"，MLM 可以将"苹果"替换为一个特殊的掩码符号，如"[MASK]"，然后根据"我喜欢吃[MASK]"这个输入生成一个可能的输出，如"苹果"。MLM通常使用双向或多向的神经网络或Transformer等深度学习技术来建立复杂的语言表示。

MLM有很多应用，例如机器翻译、文本生成、文本摘要、问答系统、自然语言推理等。MLM可以作为预训练模型，将双向或多向的语言表示应用到下游任务中。著名的MLM包括BERT、RoBERTa、ALBERT、DistilBERT等。

MLM的优点是可以充分利用输入序列中左右两边的上下文信息，从而捕捉语言的深层含义和关系。它也可以利用大量的无标注文本进行预训练，从而学习语言的通用知识和规律。此外，它可以灵活地适应不同的任务和领域，只需少量的任务特定数据和参数。

MLM的缺点是需要更多的计算资源和时间来进行预训练和微调，因为它使用了双向或多向的网络结构。它也可能遇到预训练和微调之间的不匹配问题，因为在预训练阶段使用了掩码符号，而在微调阶段没有。

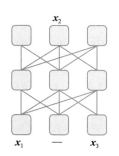

图 1-5　掩码语言模型架构

1.2.3　前缀语言模型和编码器－解码器结构

前缀语言模型和编码器－解码器结构（Prefix and Encoder-Decoder，PED）是一种用于学习自然语言的统计模型，实现了双向或多向的语言表示和生成，模型架构如图1-6和图1-7所示。前缀语言模型是一种在输入序列中随机截取一段前缀，然后根据前缀预测剩余部分的任务的模型。编码器 – 解码器结构是一种将输入序列编码成一个向量，然后将该向量解码成输出序列的框架。PED 这样的语言模型通常使用 Transformer 等深度学习技术来建立复杂的语言表示。

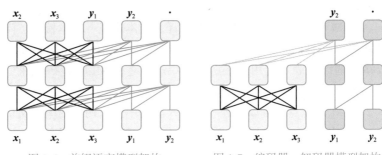

图 1-6　前缀语言模型架构　　　　图 1-7　编码器 – 解码器模型架构

　　PED 语言模型有很多应用，例如机器翻译、文本生成、文本摘要、问答系统、自然语言推理等。PED 语言模型可以作为预训练模型，将双向或多向的语言表示应用到下游任务中。著名的 PED 语言模型包括 PaLM、UL2、BigScience 等。

　　PED 语言模型的优点是可以充分利用输入序列中左右两边的上下文信息，从而捕捉语言的深层含义和关系。它也可以利用大量的无标注文本进行预训练，从而学习语言的通用知识和规律。此外，它可以灵活地适应不同的任务和领域，只需少量的任务特定数据和参数。它还可以生成流畅和连贯的文本，因为使用了编码器 – 解码器结构。

　　PED 语言模型的缺点是需要更多的计算资源和时间来进行预训练和微调，因为它使用了双向或多向的网络结构和编码器 – 解码器结构。它也可能遇到预训练和微调之间的不匹配问题，因为在预训练阶段使用了前缀截取，而在微调阶段没有。

1.3　初识 ChatGPT

1.3.1　ChatGPT 的原理

　　ChatGPT 是一个使用文本进行交互的生成式语言模型，由 OpenAI

发布于 2022 年 11 月 30 日。该模型推出仅 5 天就收获了 100 万名用户，引起了行业内外的广泛关注。ChatGPT 在推出两个月后，其注册用户数量达到了一个亿，是有史以来最快达成该成就的产品。

值得一提的是，"ChatGPT"是一个具有多种含义的名词，它既用来指代"https://chat.openai.com/"这款基于网页的聊天机器人产品，也用来指代该机器人背后所使用的大语言模型。本书中使用"ChatGPT"指代该对话机器人产品背后的语言模型。

1. ChatGPT 的训练

ChatGPT 的训练过程大致可以分为两个阶段，即基础语言模型训练阶段和对齐（alignment）阶段。基础语言模型的训练方式与其他生成式语言模型的训练方式相同，而模型对齐训练则是 ChatGPT 模型训练中的创新之处。

在基础语言模型训练阶段，模型从大量的文本数据中学习语言结构和知识。这一阶段通常以自监督学习的方式进行。开发者需要从网络上收集大量的多样化文本数据进行预训练。通过观察上下文关系，模型不断调整内部权重，最终能够理解和生成合乎语法结构和语义逻辑的句子。基础语言模型的训练已经在本章前面部分介绍过，这里就不再赘述。

对齐学习是 ChatGPT 拥有强大问答能力的一个重要原因，它让语言模型与人类的需求（高质量地回答用户问题）对齐，从而能够更好地回答人们提出的问题。在这一阶段，模型通过有监督学习和基于人类反馈的强化学习（reinforcement learning from human feedback）进行微调，以便更好地满足特定任务需求。这一阶段主要是借助人类标注的对话数据对模型进行微调，让模型学会输出对人类"有用"并且符合人类价值观的内容。通过微调和优化，模型会变得更加灵活，能够以自然的方式与用户进行交流，回答复杂问题并完成多样化的任务。

ChatGPT 使用基于人类反馈的强化学习来对齐模型，主要包含以下 3 个阶段。

（1）使用有监督学习对基础模型进行微调　这一阶段首先要让标注人员创作出一些合理的问答对数据。标注人员需要根据需求创作出一些问题，并给出他们认为正确的回答。有了这些数据，OpenAI 就可以使用之前的自监督训练方法对模型进行微调。经过微调之后，模型在回答问题方面的能力就可以得到提升，也可以说经过微调的模型能更好地与我们的需求对齐（因为我们的需求就是模型能够回答人类的问题）。

如图 1-8 所示，OpenAI 可以让标注人员去创作出若干个问答对。图中有两个问答对的示例，第一个是："世界上最高的山是什么？"答案是："世界上最高的山是珠穆朗玛峰。"有了这样的问答对数据之后，我们就可以使用与语言模型训练阶段相同的训练方式对模型进行微调，在 ChatGPT 中，这个微调是以 GPT-3.5 模型为基础进行的。

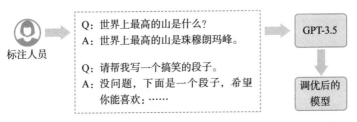

图 1-8　ChatGPT 对齐训练第一步：使用有监督学习对模型进行微调

（2）训练一个奖励模型　奖励模型是一个用来判断答案质量的模型，其输入是问答对数据，输出是对答案质量的评分。奖励模型的训练也离不开标注数据，为了提高标注数据的利用率，OpenAI 没有直接标注问答对的得分，而是要求标注人员对一组答案的质量进行排序。在这一阶段，标注人员首先需要选取一个问题集，问题的来源包括标注人员人工撰写和 OpenAI 的 API 调用日志中收集到的数据。得到问题集之后，再使用第一步中微调后的模型为每个问题生成多个答案，最后再由标注人员对这些答案进行排序。具体过程如图 1-9所示。

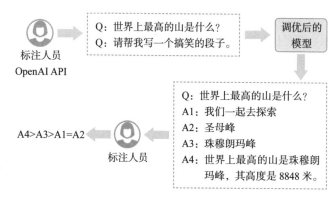

图 1-9 为奖励模型标注数据的过程

有了这些标注数据，就可以训练奖励模型了。奖励模型可以是任意架构的模型，但通常来说奖励模型会以一个简化的语言模型为基础进行训练。奖励模型的训练如图 1-10 所示。

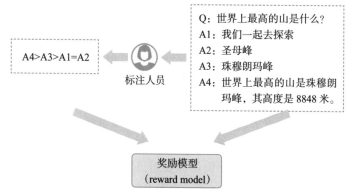

图 1-10 奖励模型：使用问答数据和答案的排序信息训练得到的模型

（3）使用强化学习算法对调优后的模型进行进一步训练 在这一步中，OpenAI 使用了强化学习（reinforcement learning）方法"自动"对模型进行进一步的优化。这一步的模型训练和前面两步最明显的差异是不再需要进行数据标注，这也是强化学习最大的优势之一。在介绍具体的训练步骤之前，先来简单介绍一下强化学习。强化学习是一种机器学习方法，其目的是通过智能体（agent）与环境（environment）进行交互来学习一个能够使智能体的长期奖励（reward）最大化的策略（policy）。在这个过程中，智能体会尝试采取不同的行动（action），观察环境的反馈（state，reward），并根据反馈调整自身的策略。这里通过一个训练狗的例子来说明一下强化学习的训练过程：当人们训练小狗的时候，狗就是强化学习中的智能体，而环境是驯狗人和训练场地等所有狗以外的东西。训练时，狗会根据观察到的情况（如扔球）做出一系列的行动，而环境（人）会根据狗的行动给出奖励（如零食或拍打）。此时狗会根据获得的奖励调整自己的策略（如果获得了零食，那下次就还会做出相同的行动）。通过多次循环，小狗就逐渐学会了服从主人的命令。这就是强化学习的工作方式。

与其他机器学习算法相比，强化学习主要有以下几个特点。

1）强化学习的训练数据（状态信息和奖励信号）来源于智能体与环境的交互，而有监督学习和无监督学习方法则依赖于训练数据集，对于有监督学习来说，我们还需要对数据进行标注。

2）强化学习中的智能体需要在不断地与环境进行实时交互的过程中学习。与强化学习不同，有监督学习和无监督学习通常在离线数据集上进行训练。

3）相比于有监督学习和无监督学习，强化学习中的奖励常常具有延迟性。也就是说，智能体当前的行为可能在未来得到正反馈。这使得强化学习算法需要考虑长期的策略和奖励累积。

4）在强化学习中，智能体需要通过尝试不同的行动找出最佳策略。这种过程称为试错学习。而在有监督学习和无监督学习中，算法通常不涉及这样的过程。

5）探索 – 利用权衡。在强化学习中，智能体需要在探索（尝试新的行动）与利用（基于当前经验做出最优决策）之间找到平衡。而有监督学习和无监督学习通常不涉及这种权衡。

强化学习是一个十分复杂的主题，对强化学习更详细的讲解不在本书的范围之内。如果读者对该主题感兴趣，推荐阅读 Richard S. Sutton 等人撰写的书籍 *Reinforcement Learning: An Introduction*。

介绍完强化学习，再来介绍一下 ChatGPT 是如何使用强化学习进行训练的。首先，程序自动从一个预定义的问题集中抽取问题，然后将问题输入到第一步得到的模型中生成答案。得到答案后再将问题和答案输入到奖励模型得到答案的评分，最后利用评分对模型进行优化。强化学习的算法种类众多，具体到 ChatGPT 的训练过程，使用的是 PPO（Proximal Policy Optimization，近端策略优化）算法。具体的训练过程如图 1-11 所示。

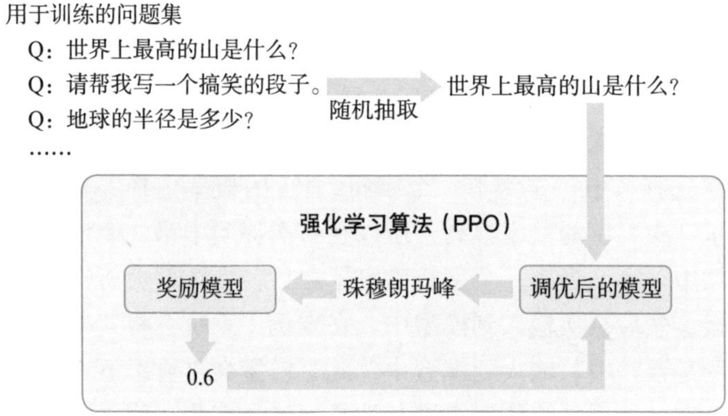

用于训练的问题集

    Q：世界上最高的山是什么？

    Q：请帮我写一个搞笑的段子。

    Q：地球的半径是多少？

    ……

图 1-11　使用强化学习对 ChatGPT 进行训练的过程

2. ChatGPT 的推理

ChatGPT 是一个生成式语言模型，它能根据输入的词序列输出下一个词的概率分布。那么，如何使用 ChatGPT 来回答问题呢？此外，如果多次问 ChatGPT 相同的问题，可能会得到不同的回答，这种回答的多样性又是如何实现的？下面介绍 ChatGPT 的推理过程，也就是答案生成的过程。

首先看一个例子，下面是多次对 ChatGPT 提问同一问题得到的一组答案。

问题：中国最有名的歌手是谁？

答案 1：中国最有名的歌手可能是邓紫棋。

答案 2：中国最有名的歌手可能有很多，但是其中一位非常受欢迎和尊敬的歌手是周杰伦。

答案 3：中国最有名的歌手可能因地区、年龄和喜好而有所不同，但是通常认为是王菲。

答案 4：中国最有名的歌手可能有很多，但是可以说是张学友、邓紫棋等。

从上面的例子中看到 ChatGPT 可以为同一问题生成多种多样的答案，但仔细观察就会发现所有答案的前 10 个字符都是相同的，即"中国最有名的歌手可能"，而之后的字符则出现差异。

当我们输入问题"中国最有名的歌手是谁？"后，系统会将该字符串输入到模型中，模型的输出是下一个字符的分布，如：

中（95%），是（1%），可（0.5%）……

此时，系统会依照概率选取下一个字符，也就是说系统有 95% 的概率选择"中"作为下一个字符，1% 的概率选择"是"字。由于这里"中"字的概率很高，所以在多次提问中第一个输出的字符都是"中"字。当第一个字符确定了之后，系统就会将输入和该字符连接，然后再次输入到模型中。在本例中系统会将"中国最有名的歌手是谁？中"输入到模型中，此时模型会再输出下一个字符的概率分布，然后系统依概率进行选择。经过多步迭代之后，模型的输入变为"中国最有名的歌手是谁？中国最有名的歌手可能"，此时模型输出的概率分布可能如下：

有（40%），因（30%），是（20%），……

系统依然会依概率进行选择，但由于这里的概率分布比较平均，所以每一次选择的字符有所不同。通过不断的迭代，最终得到的答案就是多种多样的。

在实际应用中，我们还可以通过调整温度（temperature）等参数来影响系统的运行方式，从而在生成答案的多样性和稳定性之间进行权衡。

1.3.2　ChatGPT 的应用

ChatGPT 的功能强大，其回答通用问题的能力、代码生成能力和逻辑推理能力都十分强大，而这些能力也被应用到了多种多样的产品当中，本小节将列举一些 ChatGPT 的重要应用。需要注意的是，ChatGPT 有海量的应用，而且还在不断地发展之中，本小节中提到的应用仅仅是其中很小的一部分。

1. 搜索引擎——必应（Bing）

必应是微软公司推出的一款搜索引擎产品。2023 年 2 月 7 日，微软将 ChatGPT 相关技术集成到必应当中，为用户提供对话式的搜索新体验。必应是第一批整合 ChatGPT 技术的产品，与 OpenAI 的 ChatGPT 不同，必应不会自行生成答案，而是根据搜索引擎得到的信息来回答问题。这使得必应能够基于最新的信息来回答问题，并且答案的正确性更有保证。

图 1-12 是一个使用必应回答问题的例子，当输入问题"今年 NBA 的总冠军是谁"的时候，必应会进行两步工作，第一步是搜索关键词"2023 NBA 总冠军"，完成搜索后，必应会根据搜索结果生成答案。我们还可以看到答案中引用了 3 个网址，这些引用可以帮助我们确认答案的真实性或了解更多的相关细节。

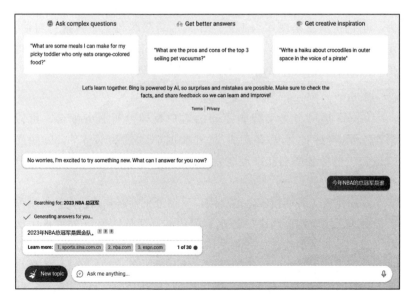

图 1-12　使用必应回答问题

2. 语言学习工具——多邻国（duolingo）

多邻国是一款非常流行的语言学习软件，其中引入了多个人工智能特性来帮助学习者更好地进行学习。这里介绍 3 个主要的特性：语法错误纠正、解释我的答案和角色扮演。

在初学语言时，人们难免会写出一些带有语法错误的文章，如果不能及时得到指正，这些错误就会被不断重复，形成不好的习惯。因此，需要有经验的老师来帮语言初学者找出错误并纠正。但这样的人工检查和改正成本很高，并不是每个人的每篇习作都有机会得到检查和指正。多邻国使用类似 ChatGPT 的大语言模型来识别文本中的语法错误并给出修改方案，这对于语言初学者的写作能力提升有很大的益处。

"解释我的答案"是多邻国基于 GPT-4（ChatGPT 的改进版）推出的最新人工智能辅助工具。该工具可以帮助学习者更好地理解自己答案的正确性、答案的亮点和不足，以及改进答案的方法。

"角色扮演"是一个用于语言练习的工具。在该工具出现之前，人们在学习外语时需要雇佣真人进行对话以提升自己的外语交流能力。角色扮演就是使用人工智能作为语言陪练与学习者进行对话，使用人工智能陪练不仅能提供接近真人陪练的效果，还能够实时地指出对话中的错误并给出改进方案，让练习更加高效。

3. 智能数据分析工具 ——Viable

Viable 是一个人工智能驱动的客户反馈分析服务平台，可以帮助公司更好地了解客户并做出数据驱动的决策。Viable 使用 ChatGPT 的摘要能力和推理能力从海量数据中生成真正有价值的分析报告和商业洞察。

在应用人工智能技术之前，用户反馈分析师需要阅读大量的用户反馈数据（如应用商店中的评论、用户的反馈邮件等），然后从中抽取出对产品有价值的建议和意见供产品团队分析和改进。Viable 可以自动化地完成上述步骤，这能够节省大量的人工成本。Viable 的核心是 ChatGPT 类大语言模型，该语言模型可以识别有价值的评论，并从评论中收集有价值的信息，对信息进行汇总并生成最终的报告。

1.3.3　ChatGPT 的挑战

ChatGPT 的功能强大，但它也并非无所不能，尤其是在现阶段，该技术还存在一些不足和挑战。下面列举一些主要的不足和挑战。

1. 回答的正确性难以保证

ChatGPT 能够回答各种领域的问题，而且其大多数回答都是正确的。但也存在 ChatGPT 无法回答的问题。在模型刚推出时，其数学能力很差，回答数学相关问题时经常出错。OpenAI 在后续的更新中对 ChatGPT 的数学能力进行了升级，回答的错误率也显著下降。尽管经过多轮升级，ChatGPT 仍有可能在生僻问题或复杂问题上给出错误答案，而且是以肯定语气给出的错误答案，图 1-13 是一个 ChatGPT 给出错误答案的例子。

图 1-13　ChatGPT 给出错误答案（该实验使用早期版本的 ChatGPT，可能无法在最新版本上复现）

ChatGPT 的这一不足对于正确性要求高的应用场景来说是一个致命缺陷，在医疗、金融等领域，一条错误的答案可能会带来重大的损失。对于企业来说，应用的输出结果不可靠会对企业信誉带来很大的影响。

现阶段，该问题主要通过两种方法来缓解。第一种是对模型本身进行优化，提升模型回答的正确性，迭代升级的 ChatGPT 以及后续的 GPT-4 模型都在答案正确性方面有了提升。改进模型的方法容易理解，但现阶段只有少数公司有能力开发和改进自己的大语言模型，而且受限于技术方案和硬件限制，现在还不能通过改进算法

　　⊖　1ft = 0.3048m。——编辑注

完全解决答案不正确的问题。第二种方法是使用提示工程为模型提供上下文信息，然后要求模型从上下文信息中找出问题答案，由于此时答案是从相关文献中抽取得到的，只要保证文献的正确性就能保证模型回答的正确性。像前面介绍的必应的问答功能就是使用这种方式来保证答案的正确性的。

2. 模型不包含最新的数据

与其他模型一样，ChatGPT 模型在完成训练之后参数就不会改变，这也意味着模型无法知道训练数据中不包含的信息。要让模型能够持续跟踪最新的信息，就需要不断收集最新的数据，然后使用这些数据对模型进行训练。在实践中这种方法是不可行的，因为对于大语言模型来说，一次模型训练的成本高达数十万甚至数百万元人民币，频繁地对模型进行重新训练的成本是我们当前无法负担的。

现阶段解决该问题的主要方法是使用提示工程将问答相关信息作为上下文提供给语言模型，然后让模型根据这些上下文给出答案。前面提到的包括必应搜索在内的众多应用都是用提示工程来为模型提供最新的信息和知识的。

3. 资源消耗过大

ChatGPT 是一个大语言模型，这里的"大"主要指的是模型的参数量巨大。ChatGPT 模型的具体参数并没有直接公布，但其基础模型 GPT-3 的最大参数量已经达到了 1750 亿，如果以 32 位浮点数存储这些参数，大约需要 700GB 的存储空间才能存下。对于如此巨大的模型，训练和推理成本都非常可观。据 OpenAI 的 CEO 透露，ChatGPT 在推出初期每次对话成本为几美分。假设每次调用的成本是 5 美分，对于一个拥有 10 000 个用户、每个用户每天对话50 次的应用来说，其模型推理成本就达到了每天 2.5 万美元，这是一个绝大多数公司无法承受的数字。

通过对模型的压缩和优化，截至本书撰写时，ChatGPT 的 API调用价格已经大幅降低，为 0.002 美元 /1000 字符。该价格相较该服务推出之初的每次对话几美分已经降低了 90% 以上，但对于 AI 应用开发者来说仍然是一笔十分可观的费用。

ChatGPT 的推理成本很高，为其应用带来了很大的阻碍，但其模型训练的成本更高，以至于只有极少数企业有能力训练类似规模的人工智能模型。前面提到 GPT-3 的模型参数量达到了 1750 亿，单存储就需要约 700GB 的空间，要训练这样的模型通常需要 10 倍于模型参数的存储空间。现阶段最先进的 GPU（用于训练模型的运算单元）Nvidia A100 也只有 80GB 的内存，也就是说要构建一套能够用于训练的系统需要约 100 块 A100 显卡，而一块 A100 显卡的价格大约为 10 万元人民币，也就是说要构建一套这样的系统至少需要 1000 万元人民币。高昂的成本阻碍了更多的公司和机构加入到模型的研究和开发当中，对于大语言模型的发展和应用造成了非常大的阻碍。

现阶段，对于训练资源要求过高的问题，可以暂时选择使用规模更小的模型来缓解。例如，Meta 公司开源的 LLaMA 模型就将参数量降低到 70 亿，这大大降低了大语言模型的入门门槛。

1.4 其他大语言模型

ChatGPT（和 GPT-4）是现阶段生成式语言模型的代表，也是当前综合性能最好的生成式语言模型。但除此之外，该领域也有许多其他产品，本节介绍其他一些有代表性的大语言模型。

1. 文心一言

文心一言是百度公司推出的大语言模型，也是国内最早推出的大语言模型。根据官方介绍，文心一言是"百度全新一代知识增强大语言模型，文心大模型家族的新成员，能够与人对话互动，回答问题，协助创作，高效便捷地帮助人们获取信息、知识和灵感"。

文心一言提供了两种访问方式，一种是通过网页应用与其进行对话，另一种是通过百度智能云提供的 API 进行调用。文心大模型在中文知识问答方面性能不俗，其综合实力也处于国内第一梯队。

2. 讯飞星火

讯飞星火认知大模型是由科大讯飞公司发布的大语言模型。除了通过常见的网页应用访问和 API 调用之外，星火大模型还提供了手机 App 和微信小程序，更符合国内用户的使用习惯。讯飞星火还在应用中集成了 500 多个垂直领域助手并提供了海量的示例指令集供用户参考使用，大大降低了新用户的学习成本。

3. Bard

Bard 是 Google 公司推出的对话式人工智能服务。准确地说，Bard 并不是一个语言模型，而是一个在大语言模型 LaMDA 的基础上构建的服务。LaMDA 与 ChatGPT 类似，都是基于 Transformer 架构的生成式语言模型，但它并未使用强化学习进行训练，而是使用有监督学习进行训练。与微软公司的必应类似，Bard 也可以访问到最新的互联网数据，并利用这些数据生成答案。值得注意的是，截至 2023 年 6 月，Bard 仍然不能支持中文。

4. LLaMA

LLaMA 是由 Meta 公司推出的一款开源大语言模型，也是当前最流行的开源语言模型。LLaMA 模型有 4 种不同参数量的版本，包括 70 亿、130 亿、330 亿和 650 亿。LLaMA 的训练数据集非常庞大，最大的 650 亿参数量版本使用了大约 1.4 万亿个字符的训练集，而最小的 70 亿参数量版本的训练集包含大约 1 万亿个字符。

LLaMA 推出后引起了广泛的关注，也出现了很多在其基础上做出的工作。之所以如此流行，除了模型本身容易获取之外，其优异的性能也是重要加分项。据测试，130 亿参数量的 LLaMA 模型的性能已经可以和 GPT-3（参数量为 1750 亿）相媲美。这里需要注意一点，LLaMA 是类似于 GPT-3 的使用自监督学习训练的生成式语言模型，它并没有经过 ChatGPT 中的有监督学习或强化学习训练。由于没有进行过"对齐"，该模型回答问题的能力相对较弱。

5. Alpaca

Alpaca 是斯坦福大学在 LLaMA 的基础之上使用了大约 5.2 万条指令进行调优的模型。Alpaca 也是一个开源项目，其模型、训练代码和训练数据都托管在 GitHub 上。不过由于版权（LLaMA 的版权归 Meta 公司所有），Alpaca 并不是一个完整的模型，而是一个增量的权重，需要结合原始 LLaMA 模型才能使用。

Alpaca 并不是性能最好的 LLaMA 微调项目，但它是一个相对较早的尝试，并且是在有限的硬件资源（4 块 A100 显卡）下完成了 70 亿参数量语言模型的优化，为后续的工作起到了一定的启示作用。其他基于 LLaMA 的开源项目有 Chinese-LLaMA-Alpaca、Vicuna 和 Koala 等。

Chapter 2 第 2 章

人工智能范式的变迁与
提示工程

2.1　人工智能范式的变迁

2.1.1　人工智能模型及其训练

1. 人工智能模型

在现代人工智能技术中，模型是最核心的概念之一。但是对于一些初学者来说，他们可能还不太了解模型是什么，以及它在人工智能中扮演的角色。

我们可以把人工智能模型想象成一种基于机器学习算法或深度神经网络的函数。这个函数的样式是既定的，但是它里面的参数是可以训练出来的。这些参数会根据不同的数据集和应用场景来调整，从而使模型能够更好地完成任务。

例如，可以把最简单的一元线性函数 $y = ax + b$ 作为一个模型。在这个模型中，a 和 b 是参数，它们可以被训练出来。当人们把一个 x 值输入到这个模型中，它就会输出对应的 y 值。这样一个模型，总共有 2 个参数。如此简单的模型，自然能起到的作用也非常有限。

但是在现代人工智能技术中，人们需要的模型远比这个复杂。现在非常流行的 ChatGPT，本质上就是一种语言模型。

简单来说，语言模型的功能就是接受一段输入的话，然后输出另一段话。从概率论的角度来看，语言模型实际上是一个概率函数，它将自然语言转化为概率函数，通过自动学习来生成符合语言规律和上下文的语句。这个函数有很多参数，这些参数可以看成一个非常巨大的向量。

例如，ChatGPT 使用了一个非常大的参数向量 θ，这个向量的维度高达 1750 亿。当人们输入一个问题 x 给 ChatGPT 时，它会将这个问题转化为一个概率函数，并基于 θ 中的参数计算出一个对应的输出 y。

例如，当输入一个问题"世界上最高的山是多少？"时，ChatGPT 会通过 θ 中的参数和之前学习到的互联网数据，预测出正确答案是"珠穆朗玛峰，高度为 8848.86 米"。这个过程实际上就是 ChatGPT 的一个基本逻辑。在这个过程中，θ 中的参数扮演了非常重要的角色。这些参数是在训练过程中通过学习海量数据得到的，它们可以使 ChatGPT 自动学习语言的规律和上下文信息，并生成符合语法、语义和逻辑的语句。

除了语言模型之外，还有许多其他类型的模型，如图像识别模型、语音识别模型、自动驾驶模型等。

2. 人工智能模型的训练

所有的人工智能模型都是基于不同的数据集和算法构建的，但它们的核心都是一个函数，它们的参数也都是可以被训练出来的。

现阶段的机器智能，就是指训练一个人工智能模型，让它能够对所有输入的 x 都能够得到期望的输出 y。这个模型是通过学习大量数据中的规律和模式来训练的，其中的参数 θ 也是通过自动学习得到的。

例如，训练一个语言模型时，人们会给它大量的文本数据，让它自动学习语言的规律和上下文信息。在训练过程中，模型会不断

调整 θ 中的参数，以使它能够更好地预测下一个词或生成符合语法、语义和逻辑的语句。最终，这个训练好的模型可以接收任何输入的 x，并生成一个对应的输出 y。

2.1.2 人工智能范式的变迁详解

人们怎么样才能得到这样一个承载了智能的模型呢？具体的方法在不同情况下是不同的。

1. 从零开始训练

在最早的时候，人们训练模型时通常会从零开始。

这意味着人们会对模型的参数进行随机初始化，然后将训练数据输入模型进行迭代。这个迭代过程通常包括前向传播和反向传播，以不断地调整模型参数，使其能够更好地适应数据。

最终，经过多次迭代，模型的参数会被训练成一组最优值。模型能够基于这些参数在给定数据的条件下达到最优化目标，如图 2-1 所示。

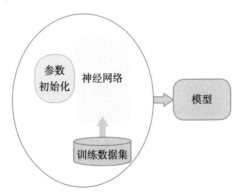

图 2-1 从零开始训练的人工智能范式

例如，如果我们训练一个全连接神经网络，首先需要架构这个网络，比如第一层 128 个神经元，第二层 256 个，第三层又 128 个；其次会随机初始化每个神经元的参数，然后将训练数据输入网络，反向传播算法迭代训练，直到模型的表现达到了一定的标准；

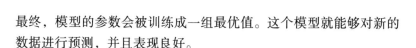

最终，模型的参数会被训练成一组最优值。这个模型就能够对新的数据进行预测，并且表现良好。

这种方法称为"从零开始训练（Training From Scratch）"。

从零开始训练模型的方式，虽然简单易行，但也存在一些问题。由于参数是随机初始化的，训练过程可能会陷入局部最优解，从而影响模型的性能。从零开始训练需要大量的计算资源和时间，而且需要对模型的超参数进行手动调整，或/和在训练过程中进行 dropout 等操作来增加模型的稳健性，对于复杂的模型来说非常困难。

最早的模型可能是线性回归、支持向量机、隐马尔可夫模型等。相对都还比较简单。然而，随着深度学习的发展，模型越来越大。要训练这样的大模型是非常困难的。

模型规模的增加带来了许多问题。例如，大模型需要更多的计算资源和存储空间，训练时间更长，容易出现过拟合等问题。当然，除了技术，成本问题更加严峻。

2. 模型训练的技术挑战与成本

训练人工智能模型是需要投入资源的。一般来说，模型训练涉及的资源包括硬件、人工和数据。这些成本不仅仅是时间和金钱，还包括对计算机资源和人才的需求。

硬件包括 GPU 和存储设备，需要构建一个计算机集群。软件包括训练框架等，需要专业的工程师进行开发和维护。

数据的获取和整理也需要耗费大量时间和人力。当模型越复杂、规模越大时，需要的数据量也越大，因此需要更多的计算能力和存储空间。

设计和实现算法的研究人员、工程人员的薪酬也是成本之一。所有这些因素都会增加训练大模型的成本。

训练一个大模型需要巨大的投入，OpenAI 的 GPT-3 就是一个1750 亿参数的巨型语言模型，它需要的计算资源和数据量都是非常庞大的。计算机和数据的成本是相当高昂的，很少有个人或公司可以承担这样的成本。

另外一个例子是，如果你想要训练一个大型的图像分类模型，你需要有大量的图像数据和 GPU 计算资源。为了训练一个高质量的模型，你需要处理数百万张图像，这些图像需要进行标注和分类，这就需要雇佣一些数据科学家和工程师来完成这项工作。而且，你还需要购买 GPU 集群来加速模型的训练，这同样需要花费很大的资金。

近年来，模型的规模变得越来越大，参数量也随之增加。如图 2-2 所示，BERT Large 模型的参数量是 3.4 亿，GPT-2 模型是 15 亿，而 GPT-3 模型已经达到了 1750 亿。

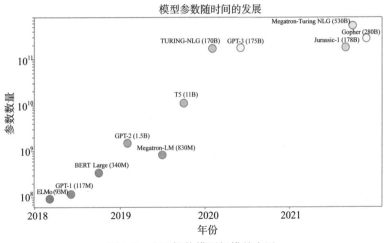

图 2-2　人工智能模型规模的变迁

巨大的成本倒逼了人工智能范式的转变。越来越多的人开始关注如何利用已经训练好的模型来解决自己的问题。

3. 预训练模型与微调

模型规模对训练成本的影响使得人工智能范式发生了转变，人们开始探索一些不需要从头开始训练的方法，来让大模型获得更多的领域知识或者满足更多定制化需求。

其中一个方法叫作迁移学习（Transfer Learning），它的思想是基于之前已经被训练得差不多的一个模型，再去做一些小规模的改进，以达到获得更好性能的目的。

迁移学习的好处是它能够显著减少训练大模型所需的成本，因为它不需要从头开始训练一个全新的模型。相反，它使用已经存在的模型进行微调和改进，以适应新的任务或者领域。这种方法的应用非常广泛，例如在图像分类、自然语言处理等领域都有很多成功的案例。

"迁移学习"这个术语现在已经很少被提起了，但相关的很多概念仍然是今天的热词。

预训练（pretrain）是指在大规模的数据集上，先进行一次训练，然后把得到的模型参数保存下来。这样的模型就叫作预训练模型（Pretrained Model）。在使用预训练模型解决某个具体任务时，人们会针对目标任务进行微调，使得模型更好地适应当前的任务。这种方法的好处在于，预训练模型已经获得了大量的数据和背景知识，可以更好地解决当前的任务。

优化已经训练好的模型，从而使其适应新的任务或数据，一般使用微调（Fine Tuning）技术。微调是指在现有模型的网络架构上稍微调整一下网络结构，例如添加一层或多层网络结构，目的是让模型适应不同的下游任务。因为其他人已经训练了这样的模型很长时间，所以可以利用这些结果。这个过程相对于从头开始训练，需要的改变比较小，所以称为微调。

这种技术可以提高模型的性能，使其更适合新任务或数据，而不需要花费大量时间和资源进行全新的训练。现在，微调技术已经成为深度学习领域中常用的一种技术，广泛应用于自然语言处理、计算机视觉等任务中。

现在来看看微调的具体过程。

首先，我们需要进行一个预训练的过程，这个过程就像从零开始训练一样，需要使用神经网络架构、参数初始化和大量数据进行训练。预训练完成后，我们可以将预训练模型公开发布，包括它的训练代码。

在这方面最有名的模型应该是 BERT。BERT 是 2018 年 Google

发布的一款很著名的自然语言处理模型，它先通过一个大型的语料库进行了预训练。预训练完成后，BERT 的训练代码和预训练模型的参数都被公开发布，其他机构或公司可以轻松地下载并使用它们，然后进行微调。在过去的几年中，在做自然语言处理（NLP）任务时，通常使用的方法是使用 BERT 预训练模型，然后对其进行微调。

同一个预训练模型，经过微调可以用于各种下游任务，如文本分类、标记，或者实体抽取。只需要更改额外添加的网络结构，人们就可以以不同的方式利用它。预训练模型在微调之后，可以适应很多不同的下游任务，这也是预训练模型非常流行的原因之一。

微调有两个重点。首先，模型的网络结构会改变，毕竟增加了神经网络的层数。其次，原始的整体参数都会改变。这并不是说，仅仅新加入的网络部分的参数会改变，通常情况下，除非你屏蔽其中的某些层，否则所有的参数都会发生改变。

图 2-3 展示了预训练模型和微调这一范式运行的过程。

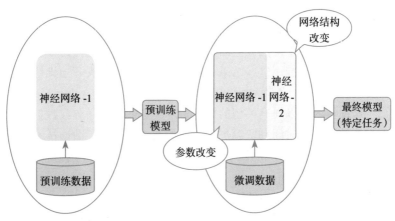

图 2-3　预训练模型与微调训练结合的人工智能范式

下面来看一个 BERT 的微调的例子。如图 2-4 和图 2-5 所示，基于 BERT 预训练模型微调成目标任务：一个是文本生成，另一个是文本分类，第一个任务有点类似于 GPT。

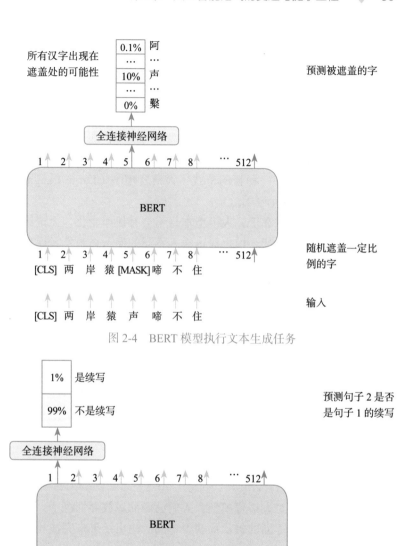

图 2-4 BERT 模型执行文本生成任务

图 2-5 BERT 模型执行文本分类任务

它们都是在原始的预训练模型上再加上一层，然后再进行训练。这就是微调的过程。

4. 大语言模型与提示学习

BERT 的参数为 3.4 亿，对它进行微调，已经需要投入不少的资源。到了 GPT-3 之后这些千亿参数级别的模型，即使仅仅是对其进行微调，所需要耗费的成本也不是一般的机构能够负担的了。

因此，又产生了一种新的范式：大语言模型（Large Language Model，LLM）与提示学习。

这种范式的重点在于，大模型本身不会有任何变化，无论结构还是参数，都不会改变。用户通过输入不同的提示来激发大模型在不同方面的潜能。图 2-6 展示了这一范式的运行方式。

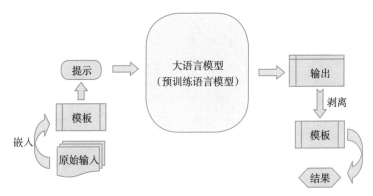

图 2-6 大语言模型与提示学习结合的新型人工智能范式

也就是说，面对大语言模型，人们已经彻底放弃训练了，而仅仅是通过对其进行不同的提示而获得不同的输出结果来完成相应的各类任务。

2.2 提示工程的兴起

作为提示学习的重要组成部分提示工程，将是本书后续部分所围绕的核心内容。因此先来认识一下提示学习。

2.2.1 提示学习

1. 什么是提示学习

什么是提示学习？提示学习的英文对应词是 prompt learning，但如果在 Google 上搜索，它更多的情况下被称为 prompt-based learning，这两个词基本上意思相同。

提示学习是一种在不修改预先训练的模型结构和参数的情况下，通过向模型输入提示信息来调整模型行为的方法。这种方法可以通过让模型从提示中学习目标行为，从而改变模型的输出，来适应特定的任务。

以大语言模型为例，语言模型是一种处理自然语言的模型，它预测语言的概率分布。在语言模型中，有一个参数 θ 和输入的语言 x，通过这两者的条件概率，得出预测的语言 y。如果预测的结果与实际不符，就需要通过调整模型的参数 θ 来得到更符合实际的结果。如果想要改变模型的参数，可以从头开始训练一个新模型或者对现有模型进行微调，但所需要的投入不容小觑，可能大到很多机构承担不起。

幸运的是，我们可以使用提示学习的方法来处理这种情况。这种方法的目标是利用输入数据 x 本身的结构和分布来训练模型，而不是依赖于标签 y。通常使用自回归模型和自编码器模型来学习输入数据的表示，让模型学习到输入数据的概率分布，并在推理时预测输出结果。

与传统的有监督学习不同，提示学习可以从大量未标记的数据中学习模型，从而不需要人工标记大量的数据。因此，提示学习可以用来激发非常大的语言模型的潜能，而无须进行昂贵的重新训练或微调。

为什么仅仅通过提示就可以让大语言模型产生所需的输出？

这是因为，大语言模型（如 OpenAI 的 GPT-3/GPT-4 等）在训练过程中学习了大量的文本数据。这些大语言模型通过分析和理解数百亿个单词、短语和句子的上下文关系，学会了预测和生成自然语言文本。它们具有很强的语言理解和生成能力。当用户向这些大语言模型提供提示时，它们首先会从输入中提取关键信息，并根据其在训练数据中观察到的相关模式来生成合适的回应。这些模型还能够理解和处理多种任务，如回答问题、写作、翻译等。

当然，大语言模型输出的质量和准确性可能会受到提示质量、模型的训练数据和模型本身的限制等因素的影响。为了获得更好的结果，用户可能需要尝试不同的提示策略，如提供更明确的指示、使用不同的表述等。这些也就是提示学习所要研究的内容。

2. 提示学习的步骤

下面介绍提示学习的步骤。

设原始输入的文本为 x。

第一步，为了构造提示，需要设计一个带有待填空的模板，其中的空分为两类：一类是 [X] 的空，另一类是 [Z] 的空。

[X] 的空是预留给最终用户的原始输入的，之后原始输入 x 会填入到 [X] 中去。

Z 是指构建的一个答案空间。这个空间是预留给模型填充答案的，并不会预先填充内容，只是给它留出一个 [Z] 空来等待模型的填充。通过提示空间中的提示信息，模型可以学习到更多的知识和特征，并提高在文本理解任务中的表现。

第二步，将原始输入 x 填入 [X] 空。将填写结果记为 x'。x' 中的 [Z] 空被留待模型填充。同时，也会提供一些提示信息 z，以帮助模型更好地学习和理解文本。通过不断地填补空和理解提示信息，模型可以逐渐提高在文本理解任务中的表现。

第三步，将 x' 送入预训练语言模型进行推理。预训练语言模型能够根据 x' 生成对应的输出 z'。在 z' 中，对应 [Z] 空的位置的内容即为模型从提示信息中学习到的知识和特征。

第四步，可以将 z' 中对应 [Z] 处的信息提取出来，作为模型训练和优化的依据。

通过这样的方式，提示学习可以帮助模型更好地学习和理解文本，适用于各种自然语言处理任务，如语言生成、文本分类、问答系统等。

下面通过一个例子来理解一下这个过程。

假设想要通过提示学习获得一个电影推荐系统，帮助用户找到自己喜欢的电影。可以设计如下一个模板和对应的提示信息。

模板：[X] 这部电影 [Z]。

将用户输入带入 [X]，例如用户输入是："我喜欢这部电影。"，带入模板后获得的 x' 为："我喜欢这部电影。这部电影 [Z]。"如图 2-7 这样。

提示模板：[X] 这部电影 [Z]
生成提示 (x')：我喜欢这部电影。这部电影 [Z]

图 2-7 提示模板示例

将 x' 输入到预训练语言模型中，模型需要通过填补空和理解提示信息来预测电影的评价。可能得到的输出是："我喜欢这部电影。这部电影好看。"或者"我喜欢这部电影。这部电影优秀。"

理论上来说，模型应该会预测出优秀、好看或者还行等正面的评价，而不应该输出不行或者太差劲评价，否则就意味着模型存在一定的问题。为了更好地衡量模型的性能，可以将模型的输出进行一层映射，将优秀和好看映射为正向的（positive），将还行映射为中性的（neutral），将不行或者太差劲映射为负向的（negative）。这样，就可以根据模型的输出结果判断其是否为一个正向、中性或负向的评价。

如果模型输出的结果符合预期，那么说明模型具有一定的性能和预测能力。而如果模型输出的结果偏向于负向的评价，那么说明模型可能存在一定的问题，需要进一步调整和优化。

实际上，我们已经利用提示学习完成了一项文本分类的任务：Z 对应的结果是一系列类别标签。

提示学习当然不仅仅只能做分类，它还可以完成许多任务，如标记和问答。例如，当人们向 ChatGPT 输入"世界上最高的山是哪里"，它会输出"珠穆朗玛峰"作为答案。这也可以看作一种提示学习的方式。

2.2.2 提示学习的研究领域

提示学习分为多个研究领域，下面介绍其中主要的几个。

1. 大语言模型的选择

大语言模型本身的网络拓扑结构可以对迁移学习和提示学习的模板构建产生重要影响。这是因为大语言模型的网络拓扑结构决定了它对输入数据进行特征提取和表示的能力。

具体来说，如果大语言模型的网络拓扑结构与目标任务的输入数据类型和特征类型相匹配，则可以使用大语言模型的底层特征提取能力，从而加速目标任务的学习。提示学习的第一步就是构造模板，选择不同的大语言模型会直接影响模板的设计。

例如，BERT 是一种双向预测模型，目标 token 可以被左边和右边的 token 同时预测，那么在这种情况下，设计的模板的 [Z] 就可以放在中间。而 GPT 是一种单向预测模型，它是通过顺序预测来生成输出的。因此，在设计 GPT 的模板时，应该把 [Z] 模板放在最后面。我们必须根据大语言模型的特点来确定模板，而不能随便设计。

2. 手动提示工程

提示工程是提示学习的一个重要部分。它涉及制定和设计用于指导大语言模型的模板。其核心在于通过构建适当的提示来激发大语言模型的的潜力。提示既可以由相关人员手动生成，还可以利用计算机技术自动生成。

手动生成提示的方法简单、直接，具备探索性，而且可以立即获得结果并经过人工评估。在当前这个提示工程的发展阶段，各行各业的专业人员都可以利用自己的领域知识生成自然语言的提示词来提示大语言模型。因此，很多时候，人们说"提示工程"其实默认指的是手动提示工程。

手动提示工程的原则非常重要，最主要有以下两点。

❑ 多次迭代：尝试使用不同的词汇或句式，反复尝试，直到找到最优的提示。

❑ 渐进提示：先从最主要的单一指令或问题开始，逐步提供更多的信息或更具体的问题，直到得到满意的答案。

无论什么样的方法和技巧，都无法脱离上述原则，由此可见，手动提示工程的核心在于尝试和探索。

手动提示工程发展非常迅速，各种各样的方法层出不穷。除了针对大语言模型的特点和性能构建提示格式和用词外，还有一些通用的技巧，可供借鉴。这些技巧包括但不限于以下几种。

❑ 显式指示：在提示中明确指出你想要的回答格式或风格，例如："以科普文章的风格润色下面内容……"

❑ 角色扮演：模拟一个场景，让模型扮演某个角色，例如："假设你是一位大学二年级的计算机老师，请为你的学生们设计一张数据结构课程的期末考卷……"

❑ 对比策略：要求模型提供对比信息，例如："请比较 Python 和 Java 两种编程语言的主要区别"。

❑ 设置输出限制：明确指出回答的长度或形式，例如："请写一段 200 字以内的短文，描述……"

❑ 结构化输出：指明提示输出的数据结构。

❑ 数据源限定：指出希望模型依据某些来源或数据来回答。

❑ 上下文参考：为问题提供背景信息或上下文，帮助模型更准确地理解和回答。

一个很重要的提示构建思想是思维链。这是一个新兴的概念，尽管提出时间并不长，但已经在众多科技媒体上广泛传播。

所谓思维链，其实也是一种提示的方法。假设你遇到了一个难题，当你将这个问题直接输入给语言模型时，未能得到正确的答案，你可以尝试对问题进行链式重新构建：首先，我们需要给出一个问题的正确答案，然后将答案与原始问题一同呈现；其次，我们再提出一个与之类似的问题；最后，将前面的问题、答案和新问题一起输入给语言模型，这样就有可能得到正确的答案了。

这个过程就像是教导小学生解决应用题。当他们遇到难题时，你需要先向他们讲解解题方法，并带领他们完成一道类似的题目，让他们掌握解题过程。然后，再给他们出一道类似的题目，让他们独立完成。这样，他们很可能就能成功解答问题了。这就是一个简单的思维链示例。

例如图 2-8 所示，直接输入一道算术应用题和答案以及一道新题给大语言模型，该模型可能无法得出新题的正确答案。但是如果在给出原有问题答案时同步进行讲解，说明解题思路，先将原题解题思路作为提示的一部分输入给大语言模型，那么最终就可以得出新题的正确结果了。

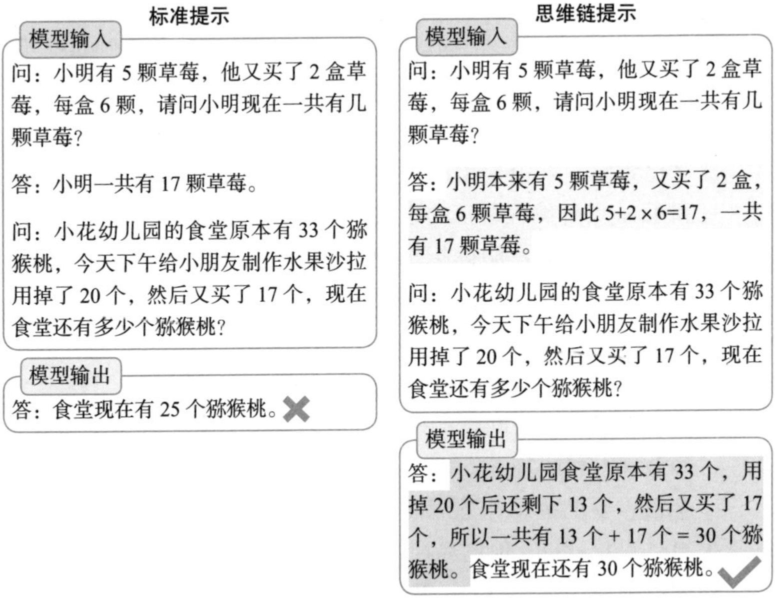

标准提示

模型输入

问：小明有 5 颗草莓，他又买了 2 盒草莓，每盒 6 颗，请问小明现在一共有几颗草莓？

答：小明一共有 17 颗草莓。

问：小花幼儿园的食堂原本有 33 个猕猴桃，今天下午给小朋友制作水果沙拉用掉了 20 个，然后又买了 17 个，现在食堂还有多少个猕猴桃？

模型输出

答：食堂现在有 25 个猕猴桃。✖

思维链提示

模型输入

问：小明有 5 颗草莓，他又买了 2 盒草莓，每盒 6 颗，请问小明现在一共有几颗草莓？

答：小明本来有 5 颗草莓，又买了 2 盒，每盒 6 颗草莓，因此 5+2×6=17，一共有 17 颗草莓。

问：小花幼儿园的食堂原本有 33 个猕猴桃，今天下午给小朋友制作水果沙拉用掉了 20 个，然后又买了 17 个，现在食堂还有多少个猕猴桃？

模型输出

答：小花幼儿园食堂原本有 33 个，用掉 20 个后还剩下 13 个，然后又买了 17 个，所以一共有 13 个 + 17 个 = 30 个猕猴桃。食堂现在还有 30 个猕猴桃。✔

图 2-8　思维链样例

还有更复杂的思维链，当直接给出答案还不能"教会"语言模型时，可以将复杂的问题拆分为多个简单问题，先将第一个小问题输入给语言模型，很可能就能够获得正确的答案，得到正确答案之后，再把第一个小问题、它的正确答案和下一个小问题一起输入给模型，得到第二个小问题的答案……如此重复，逐步解决完整的问题。这种方法注重每个子问题之间的关联和依赖关系，其中的每个子问题都被视为一条思维链的一部分，而解决整个问题就是将这些思维链连接在一起。

对思维链的研究还处在相对较早的阶段，读者有兴趣可以持续关注。

手动提示工程毕竟是一个耗时且复杂的工作，对于大规模应用，可能需要使用更高效的自动化提示工程。

3. 自动化提示工程

所谓自动化提示工程，顾名思义，就是使用计算机自动生成提示。它使用机器学习技术和其他自动化工具，使得提示生成过程更加高效和快速。其间可以使用大量的数据和预先训练的模型，以生成有效的提示。它还可以自动评估提示的性能，并进行自我调整，以提高提示的效果。

自动化提示工程又可以细分成许多具体的方法，例如：使用机器学习或其他算法对大量用户的真实输入进行分析，以提取有效提示；利用自动化技术改写现有提示，以使其更适合大语言模型的生成；利用人工智能模型生成提示等。使用模型生成的评分器对提示的质量进行评估，以确保提示的有效性，也属于此范畴。

除了自动生成自然语言的提示词，自动化提示工程还可以生成并使用文本嵌入（text embedding）形式构建的提示。文本嵌入形式，可以与大语言模型的内部表示相匹配。

在文本嵌入空间中，自然语言词汇和短语被映射为向量，每一个词汇或短语都可以表示为该空间中的一个点。由于嵌入空间是无限的，因此可以使用文本嵌入空间中的任何一个向量来构建提示。这种方法不仅能够表达自然语言中的含义，而且还能够整合多个含义。这使得连续提示在某些情况下能够表达一些自然语言无法很直接表达的含义。它为模型生成更加准确、灵活和富有创造性的文本提供了可能性。

这一做法的优点显而易见：首先是效率高，文本嵌入形式的提示比文本形式的提示更容易处理，因为它们可以直接在计算机内存中存储和进行计算；其次，因为具有统一的形式，方便统一处理，避免了文本形式的提示存在的格式问题；然后，它们具有可解释的数字特征，更容易分析和解释；最后，多数大语言模型通常使用文本嵌入作为输入，因此使用连续的提示可以更容易地与这些模型集成。

常见的连续提示技术包括前缀调整（prefix tuning）和硬 – 软提示混合调整（hard-soft prompt hybrid tuning）。

前缀调整的核心思想是优化一个固定长度的可训练前缀，然后用这个优化后的前缀来指导模型生成特定类型的内容。这种方法可以用于许多自然语言处理任务，如机器翻译、自动摘要、语言生成等。

前缀调整的过程大致如下。

1）选择一个预训练语言模型，例如 GPT-2、GPT-3 或其他任何大语言模型，然后固定预训练模型的参数，使模型参数在后续的过程中保持不变。

2）为特定任务初始化一个固定长度的前缀，这个前缀的每一个元素都是模型的一个输入 token。这个前缀是可训练的，也就是说，它的值会在训练过程中被更新和优化。

3）对前缀进行训练——将前缀和目标任务的训练数据输入给模型，生成输出。然后将输出与期望输出进行比较，计算损失，使用梯度下降或其他优化算法来更新前缀的参数。

4）验证前缀的性能，并根据需要进行多次迭代。

5）完成训练后，将优化后的前缀与新输入一起送入模型，这样可以得到目标任务的相关输出。由此可见，前缀调整是一个模型训练的过程，但因为调整的不是模型本身的参数，而是输入的前缀的参数，因此只需要一个相当小的参数集，相较于传统微调模型更加高效，且避免了大量参数的过拟合。这使得前缀调整在资源有限的场景中尤为有用。

很多时候，在进行前缀调整时需要加入一些约束条件，这些约束条件可能是硬性的，也就是必须满足的，例如生成的文本必须包含某些特定的关键词或短语等；也可能是软性的，或者说是弹性的，也就是在必要时可放宽的，例如文本应当流畅易读等。由此衍生出了一种高级的前缀调整技巧——硬 – 软提示混合调整，即通过在输

入前缀的基础上生成符合约束的文本，来进行前缀调整。它的具体
流程如下。

1）选择一个预训练的语言模型，并固定其参数。

2）定义软硬约束，并分配权重，以平衡两类约束的影响。

3）在训练前缀的过程中融合约束条件——这一步与前缀调整
类似，但在计算损失函数时，除了常规的任务损失外，还加入了硬
约束和软约束的损失。

4）验证前缀的性能，根据模型对硬约束和软约束的满足程度
进行调整，并进行多轮迭代。

5）完成训练后，将优化后的前缀与新输入一起送入模型，可
以得到满足硬约束和软约束的目标输出。

这种方法让用户更好地控制模型的生成过程，因为他们可以精
确地指定模型的输出应该满足哪些条件，同时还保留了模型的创造
性和流畅性。

4. 多重提示学习

很多时候，单独完成一个任务可能不够高效。将多个提示模型
的任务融合，往往能够大大提升效率。这样的策略被普遍称作"多
重提示学习"，它让模型在处理多个任务时分享某些信息，从而从
其他任务中汲取有益的知识。目前，多重提示学习主要展开在四个
方向：集成、增强、合成和分解。

❑ 提示集成：这一策略旨在将众多提示整合融为一体，生成一
　个包含多重任务的提示，输入给大语言模型处理。这种做法
　能有效降低成本，毕竟推理是一个资源消耗较大的环节。

❑ 提示增强：指为模型提供更多背景信息，以便让其更精准地
　回答问题。例如，当遇到一道数学题时，增强提示可以通过
　附上相似的例题来协助模型。在回答"5×9=几"这类问题
　时，可以提供"1×9=9"和"3×7=21"等基础信息，以增
　强模型的判断力。

❑ 提示合成：这一做法是将众多提示模板融合成一个模板，然
　后用多个任务的信息进行填充后作为一条输入送入大语言模

型。与提示集成不同，提示合成只合并模板，而不是输入。这意味着模型可以在单次推理中同时回答多个问题，从而达到效率最大化。

❑ 提示分解：有合成就有分解，分解的目标是将一个复杂的模板拆解为多个简洁的小模板，让模型更为轻松地捕捉问题的核心。这种方式可以减轻模型的计算压力，确保输出更为精确。

多重提示学习就像一个工具箱，提供多种策略来优化模型的性能和效率。

5. 答案空间设计

与提示工程相对的是答案工程（Answering Engineering），其关注的是如何生成、改进和优化机器为用户提供的答案。它又分为多个子领域，其中非常重要的一个子领域就是答案空间设计。

回顾提示学习的完整流程，其中一个关键步骤是将模型生成的文本映射到一个合适的答案空间，以便得到最终答案——模型生成的文本通常基于预先设定的模板和约束条件，在模型生成文本之后，还需要对其进行处理，将其映射到适当的答案空间。

答案空间是否合适，则直接关系到模型的准确性和可靠性。一个优秀的答案空间应当具备覆盖所有可能答案的能力，并能够协助模型准确地识别和映射答案。

关于答案空间设计，需要关注如下这些要点。

首先，答案空间设计需要确定答案的范围和界限。至少，我们需要根据应用场景来确定要设计的是有限答案空间，还是无限的答案空间。例如，任务需要回答某特定领域中的几个确定的答案，那么有限答案空间就是合适；但如果要生成长篇文章或故事，就需要无限答案空间了。

其次，设计时需要确定答案的粒度，是选择具体的单词、短语还是整句作为答案。例如，在文本摘要任务中，答案可能是一整段文字；而在填空题中，答案可能仅是一个词或短语。

再次，在某些场景下，答案空间应该能够捕获各种各样的答案，确保系统具有足够的灵活性来回应多种情境。还有一些情况下，答案空间可能需要随着时间或上下文的变化而动态调整。这使得答案空间的设计需要用到不同行业、专业的领域知识，以及诸如机器学习、数据挖掘等多种技术手段。

最后，答案空间中的每一个答案都应该是高质量的，这可能需要通过人工审查或自动化工具来确保。

总之，设计出有助于任务目标完成的答案空间，是非常关键的。

6. 答案空间搜索

仅仅设计、构建答案空间显示是不够的，答案空间存在的价值是让用户找到答案，因此如何有效地在答案空间中进行搜索，也是答案工程的重要分支。

当答案空间是离散、有限的时，可以通过人为定义某些约束条件，来搜索出满足条件的最优答案。这种答案搜索方法简单直接，易于应用，适用诸如多项选择题、问题回答、语言翻译等任务。实际操作中又可以分为答案改写，标签分解等多种做法。

答案改写是指为了满足特定的需求或者优化答案的质量，改写模型生成的答案，使其更符合用户的查询或更易于用户理解。这种技术的目标是提供更准确、更直接、更自然或更人性化的答案。具体做法包括：同义词替换、句子重组、句子裁剪、句子插入等。通常依赖深度学习、规则系统等自然语言处理技术来实现。

答案改写的应用场景包括：语言简化、标准化答案（对从不同来源获得的答案进行统一和标准化）、个性化答案（基于用户的历史行为或其他背景信息，为特定用户改写答案）、调整语法和语言风格等。

标签分解是指在分类任务中，将模糊或重叠的标签分解为更细致和明确的标签。例如，如果原始标签中有"科技"和"互联网"，但是"互联网"实际上是"科技"的一个子类，那么可能需要手动或自动地将其分解，将"科技"分解为"IT科技"和其他科技，并将"IT科技"进一步分解为"互联网"和"软件"等。通过这样的处理，可以使得分类任务中的标签更加具体和明确，有助于提高分类模型的准确性和稳健性。同时，这种方法还可以帮助人们更好地理解数据集的结构和特点，为后续的数据分析和挖掘提供有力支持。

当答案空间是无限、连续的时候，也就是当人们试图在大量的、无结构的数据中搜索答案时，就需要用到更先进的自然语言处理技术和算法了。这些技术包括非结构化数据查询、模糊匹配或语义匹配、排序机制（返回的答案可能需要根据相关性、可信度或其他标准进行排序）、上下文相关搜索（搜索的答案取决于上下文，例如，同一个问题在不同的文档或时间点可能有不同的答案），以及动态搜索（随着数据的变化实时更新或调整答案）等。

此外，还可以通过模式匹配、语言模型、机器学习等技术手段，运用关键词、语境等信息来缩小寻找答案的范围，并评估答案的可靠性，从而挑选出最佳答案。这种方法通常应用于问答系统、语音识别系统等领域，以便更精确地回答问题。

2.2.3 蓬勃发展的提示工程

1. 提示工程的应用

虽然提示学习的应用领域很多，在现阶段，可用性和易用性最强的是提示工程，尤其是手动模板工程。

在很多情况下，应用提示工程都不需要显性地先生成模板再带入内容，而是直接手工构建完整的提示内容，直接输入给大语言模型，以获得期望的结果。在这样语境下的提示工程是一种通过设计恰当的输入提示来引导大语言模型生成期望输出的方法。简单来说，就是如何向模型提问，以便获得最佳答案。

它的核心思想是：设计一种有效的输入提示（prompt），以引导大语言模型生成我们期望的输出。

这些提示可以是问题、陈述或其他形式的文本，其目的是激发模型的知识和推理能力，从而得到满足特定需求的答案或建议。通过精心设计的提示，人们可以将模型的潜在能力发挥到极致，实现各种复杂任务的自动化处理。

在实际应用中，提示工程需要考虑多种因素，如模型的预训练知识、任务的难度和领域特性等。为了获得高质量的提示，研究人员通常需要进行多轮的实验和优化，以找到最佳的提示策略。

　　在这里需要先搞清几个概念：少样本（few-shot）、单样（one-shot）和零样本（zero-shot）。

　　这个三个词后面还可以再接不同的词，可以接学习（learning），也可以接提示（prompting），如图 2-9 所示。它们接不同的词的时候，表达的含义是很不一样的。

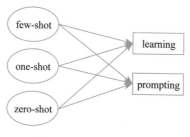

图 2-9　*-shot 概念示意

　　有些人可能会混淆这些概念。他们在说少样本或零样本时并不说明到底是学习还是提示，把这两个概念混在了一起，导致误解。读者在阅读相关文献时需要注意这一点。少样本 / 单样本 / 零样本学习和少样本 / 单样本 / 零样本提示是两件不同的事情。

2. 少样本 / 单样本 / 零样本学习

　　首先介绍 *-shot learning。这几个学习最主要指的是利用模型完成分类任务的一些方法。

　　零样本学习（zero-shot learning）是指从未在训练数据中看到过的类别上进行学习的机器学习任务。这意味着模型需要能够在没有任何关于新类别的先验知识的情况下进行分类。在零样本学习中，模型的目标是学习一个从输入空间到语义空间的映射，这个映射将输入映射到一个已知的语义空间，然后再使用这个语义空间对新类别进行分类。这通常需要使用属性、语义嵌入或其他辅助信息来帮助模型进行泛化。

　　例如，我们训练了一个图片分类模型来识别动物，包括狗、猫、老虎、大象等几个类别。现在我们想要在测试集中识别河马，但我们的模型从未在训练数据中看到过河马这个类别。在这种情况下，我们可以通过描述河马的一些属性（例如，河马有四条腿、属于哺乳动物等）来生成一个河马的语义嵌入向量。然后再将这个向量映射到狗、猫、老虎、大象等类别的语义空间中。最后，我们可以使用距离度量或分类器来将河马分类到与其语义空间中距离最近的类别，如大象类别。

单样本学习（one-shot learning）是指分类模型从仅存一个的样本中学习一个新的类别。一个经典的单样本学习的例子是人脸识别。

假设我们想要训练一个模型来识别人脸，理论上每一个人都需要提供多张照片才能形成训练数据，但是某一个人（如 Tom），我们只有他的一张照片用于训练。在这种情况下，我们可以使用卷积神经网络（CNN）来提取人脸图像中的特征，并将这些特征映射到一个低维空间，对应于不同的人脸类别。在训练阶段，我们将网络的输出与正确的人脸进行比较，以更新网络的权重。

在测试阶段，当我们输入一张照片后，模型首先从这个图像中提取特征，并将其映射到我们训练的人脸类别空间中。其次，模型在这个空间中寻找最近的样本，假设它离"Tom"的照片最近且这个距离低于阈值，就可以将输入的人脸图像分类为"Tom"。

少样本学习（few-shot learning）是一种介于单样本学习和传统的机器学习之间的学习任务。少样本学习尝试从非常少的训练样本中学习一个新的类别或任务。在少样本学习中，通常使用元学习的方法，如模型预训练、基于相似性的度量学习等。这些方法可以让模型在看到很少的样本时，快速地学习新的类别或任务。

当然，也可以通过数据增强把极少量样本生成更多样本。例如，在训练图片分类模型时，本来某一个类别只有 5 张图片作为训练数据，但是可以对这 5 张图片进行裁剪、翻转、变色、加滤镜等操作，生成更多的图片，用于训练。

3. 少样本 / 单样本 / 零样本提示

在解释零样本提示（zero-shot prompting）之前要先解释一下提示（prompting）是什么意思。

前面介绍了提示学习的完整流程：要能够定制一个模板，还要能够把这个模板转成一个嵌入向量（embedding），然后把这个嵌入向量输入给语言模型，最后再得到这个语言模型直接的输出。也就是说，一定要能够直接去调用这个模型，才能够做提示学习。

但是如果人们无法直接访问模型本身，能够访问到的实际上是这个模型外面又封装了一层的服务（service），那可怎么办呢？最典型的比如 ChatGPT，它实际上并不仅仅是一个模型，它实际上是一个在线服务。那在这种情况下，人们可以输入给它一个自然语言的文本，但是这个自然语言的文本被转成了什么样的嵌入向量，人们看不见。模型直接输出又是一个怎么样的嵌入向量，人们还是看不见，它怎么再传回最终的输出的自然语言，人们仍然看不见。

在这种情况下，人们只能是去修饰输入给它的这些自然语言，然后指望通过对自然语言下的功夫，来得到一些结果。

零样本提示就是给语言模型一个指令，直接告诉语言模型要做什么。例如，用户把"白日依山尽，黄河入海流"这两句诗输入模型，让它翻译成英文，这就是零样本提示——直接发出指令，没有给例子。

单样本提示（one-shot Prompting）就是在零样本的基础上，又给出了一个例子，例如，用户先把另一首诗歌翻译成了英文，然后把那首诗及其翻译结果和"白日依山尽，黄河入海流"一起输入给语言模型，同时发出指令，要它翻译成英文。这样，在被告知"做什么"之后，语言模型就可以从这个例子中学习"怎么做"。

少样本提示（few-shot Prompting）延展了单样本提示，给语言模型不止一个例子，希望模型从这些提示中学到更多的知识，然后帮助人们更好地完成任务。

图 2-10 展示了零样本 / 单样本 / 少样本提示的几个不同例子。

在图 2-10 的例子中，我们希望达到的效果是将中文的单词"烙饼"翻译为英文。

当使用零样本提示的时候，直接提出要求："请将下列中文单词翻译为英文：烙饼 ->"——在这条提示中，只有指令和被要求翻译的词。当使用单样本提示的时候，除了零样本提示的内容，还在烙饼前面添加了一个中译英的例子："苹果 -> apple"。而进行少样本提示时，中译英的例子则变成了 3 个（也可以是 2 个、4 个或者更多个）。

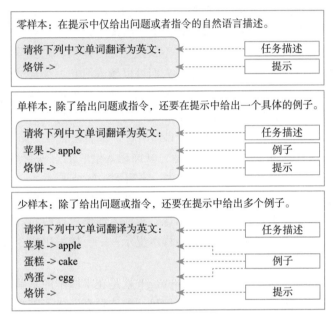

图 2-10 *-shot 提示例子

2.2.4 提示工程的特点与优势

1. 提示工程的特点

提示工程具有领域依赖性、灵活、可迭代等特点。

大型语言模型是具备非常丰富，甚至可以说是庞杂的知识储备的。当人们需要它去完成某一个特定领域的任务时，就需要设计包含领域知识的有效提示。这就要求提示的设计者对任务领域具有一定的了解。这意味着提示工程不仅需要计算机科学家的技术支持，还需要各领域专家的参与，以确保模型能够准确理解和处理专业领域的问题。

此外，提示工程允许人们通过调整输入提示来适应不同的任务和场景。这使得大语言模型具有很高的灵活性，可以应对各种复杂的自然语言处理问题。

而且，提示工程是一个可迭代的过程，人们可以根据模型的输出反馈来不断优化提示，从而提高模型性能。这一过程可以借助于人工智能和人类的共同努力，实现模型与人类的协同创新。

2. 提示工程的优势

提示工程的优势主要体现在以下几个方面。

首先，模型的训练通常需要大量的计算资源和时间。提示工程可以在一定程度上降低这些成本，因为它允许人们在大语言模型的基础上，通过调整输入提示来优化模型性能，而无须对模型本身进行昂贵的训练。

其次，通过设计合适的提示，不仅可以引导同一个模型完成不同领域的特定任务，还能提升在同一任务上的效能。这无疑有效提高了模型的性能。

再次，通过观察不同提示下模型的输出，人们可以更好地理解模型是如何处理输入信息、进行推理和生成答案的。也就是说，提示工程有助于揭示模型的内部工作原理，从而提高其可解释性。

最后，提示工程为研究人员提供了一个实验平台，可以通过尝试不同的提示来探索模型的潜力和局限。这有助于发现新的应用场景，推动模型的创新和改进。

2.2.5 提示工程的局限、挑战及探索

1. 提示工程的局限与挑战

提示工程在实践中还存在着许多局限性和挑战。

首先，设计有效的提示需要大量的经验和专业知识。为了获得满意的结果，提示工程师需要花费大量时间和精力来测试和优化提示。而且对提示工程师自身的素养要求颇高，这使得提示工程很难在短期之内普及。

其次，当使用复杂的提示时，难以确定模型为什么会生成特定的输出。这可能会导致用户对模型的信任度降低，从而影响其在实

际应用中的采纳率。

还有，因为大语言模型通常是通过学习大量的文本数据来训练的，这些数据可能包含了人类作者的偏见和刻板印象。如果提示工程师在执行提示工程时没有考虑到这些问题，那么生成的文本可能会加剧这些偏见，从而导致不公平的结果。

当然问题还不止这些。不过，提示工程作为一个新兴领域，遇到问题和挑战都是非常正常的，这需要研究人员和提示工程师们共同努力，尽早发现和解决问题。

2. 提示工程的探索

针对上述这些局限和挑战，研究人员正在探索多种方法来改进提示工程，具体包括以下几个方面。

1）开发自动化方法来生成和优化提示，例如，可以使用强化学习或遗传算法来搜索有效的提示等。这样可以减轻研究人员和开发人员的负担，提高提示效率。

2）开发新的可解释性技术，例如：通过分析模型的输入特征对输出的贡献，来了解哪些特征对模型的决策过程起到关键作用；将模型的内部表示和计算过程可视化，以便直观地观察模型如何处理和理解输入数据等。以此来提升用户对模型的信任度，以促进提示工程在实际工作中的应用。

3）在提示工程中引入公平性和无偏见的原则，例如，可以使用去偏见技术来消除提示中的刻板印象，或者在模型训练过程中引入公平性约束等，达到减轻模型生成的文本中偏见的目的。

4）开发适应性提示技术，根据任务的特点和用户的反馈动态地调整提示，从而提高模型的灵活性和实用性，使之更好地适应不同的任务和用户需求。

5）通过建立开放的、社区驱动的提示库，让众多提示工程师共享和学习彼此的经验。

提示工程作为一种与大语言模型配合使用的方法，为人工智能领域带来了新的研究方向和应用前景。通过不断地探索和实践，人们有望进一步提高大语言模型的性能，使其在各个领域发挥更大的价值。

第 3 章 *Chapter 3*

AIGC 中的提示工程

自从大语言模型 GPT 等生成式模型问世以来,基于人工智能技术的内容生成迅速崛起,成为内容创作的主要驱动力之一。在这一浩大变革的背后,提示工程作为基于文本生成模型的关键技术,对于人工智能生成内容的质量起着至关重要的作用。本章旨在详细介绍人工智能生成内容(AI Generated Content,AIGC)的概念、类别和应用,并通过具体案例深入探讨提示工程在 AIGC 中的应用。最后,本章还将为读者提供 AIGC 图像生成的实战体验,以便更好地感受和理解当前 AIGC 和提示工程的威力。

3.1　全面认识 AIGC

人工智能生成内容是当下人工智能应用发展最快的方向之一。通过大量地学习人类过去所产生的各类数据,基于深层神经网络的生成式模型可以生成各种模态、各种风格的内容,在生成效率、生成内容的质量等方面已经达到或是超越人类的平均水平。以基于语言模型的应用 ChatGPT、基于图像生成的应用 Midjourney 和基于视频生成的应用 D-ID 为代表的爆款 AIGC 工具层出不穷，正在触及、影响和改造人类工作、生活、娱乐的方方面面。

3.1.1 AIGC 的诞生和发展

本轮 AIGC 的发展本质上源于生成模型的突破。生成模型在人工智能领域有着悠久的发展历史，20 世纪 50 年代相继诞生了处理序列数据的隐马尔可夫模型和高斯混合模型，可以用于生成声音序列和文本序列。但受限于早期的算法、算力和数据等多方面因素，早期模型的生成能力较低，计算机生成内容的途径主要是模板匹配。

在进入到深度学习的早期，生成式模型主要是在单一模态中进行。在自然语言处理领域，传统的方法是利用 n-gram 语言模型对句子进行建模，找到出现概率最高的序列。随之发展出了基于 RNN、LSTM 和 GRU 等结构的生成式模型，能够处理较长的自然语言序列。

在图像生成领域，诞生了变分自编码器、生成对抗网络为代表的神经网络架构，并在之后的十年中发展出了执行各种任务的图像生成网络和应用。扩散模型也诞生于这一时期，但在 21 世纪 20 年代才逐渐成为主流，实现了对图像生成过程的更细粒度控制和生成高质量图像的能力。

不同领域的生成模型在发展过程中走过了不同的路径，但最终它们出现了交叉点，即 Transformer。Transformer 是一种神经网络架构，最早由 Vaswani 等人在 2017 年引入自然语言处理任务中，后来被应用于计算机视觉领域，并成为许多生成模型的主要框架。

除了 Transformer 为单一模态带来的改进，这个交叉点也使得来自不同领域的模型能够融合在一起，用于多模态任务。一个典型的例子是 CLIP，它是一个结合了视觉和自然语言的模型，可以在大量的文本和图像数据上进行训练。由于在预训练过程中结合了视觉和语言知识，CLIP 能够作为文本编码器，在多模态生成任务中尤其是文本生成图像中起到重要作用。

3.1.2　AIGC引起内容生成范式的变迁

AIGC引起了内容生成范式的演变。从最初的专业生成内容（PGC）到用户生成内容（UGC），再到现如今利用人工智能技术生成内容（AIGC）。

PGC，是由专业人士创作和生产的内容。这些内容通常由专业作家、记者、编辑等领域专家来创作，他们拥有丰富的知识和经验，并且经过专业培训。PGC的特点是专业性强、内容可信可靠，因为它们是由经过严格筛选的专业人士创作的。

随着互联网的兴起和社交媒体的普及，UGC逐渐崭露头角。UGC是由用户创作和生成的内容。这些内容来自普通用户，他们可以是任何人，不一定需要专业背景或经过培训。UGC的特点是内容生成的多样性和大规模内容贡献者的参与。社交媒体平台如Facebook、X（原Twitter）、抖音和YouTube等成为用户创作内容的主要渠道。UGC内容的形式是丰富多样的，包括社交媒体上的帖子、评论、视频等。

然而，随着人工智能技术的快速发展，AIGC作为一种新的内容生成范式应运而生。AIGC利用机器学习、自然语言处理和深度学习等技术，能够分析和理解大量的数据，并生成具有逻辑性的文本、图像、音频等内容。AIGC的特点是高效性和创新性，因为它能够在短时间内生成大量的内容，并且可以通过不同的算法和模型或是提示工程来实现不同的创意和风格，甚至是前所未有的风格。与PGC和UGC相比，AIGC自动化的水平大大提升，可以依靠机器和少部分的人工实现高效的内容生成。这种高效性使得AIGC在许多领域都有广泛的扩散和发展，例如创意写作辅助、海报生成、视频制作等。

3.1.3　提示词与AIGC

随着数据的增长和模型规模的扩大，人工智能模型可以学习更全面和接近现实的分布，从而生成更真实和高质量的内容。然而，巨大的模型规模和输出空间带来了一个挑战：如何控制人工智能模型的行为，使其输出符合用户的期望和需求。

先来回顾一下提示词。提示词是一段文本，目的是给人工智能模型下达指令，告诉它需要做什么，完成哪些步骤。提示词可以看作一种与人工智能模型交互的方式，它为模型在生成输出时提供主要的信息。一段良好的提示词可以提示模型快速理解人类的意图，选择合适的输出格式，生成具备创意的风格。提示词能够激发模型的创造力，让它生成更有趣、更有价值、更有个性的内容。

通过设计合适的提示词，用户可以引导人工智能模型按照他们所期望的方式生成内容。例如，在文本到图像的 AIGC 中，用户一定程度上可以通过提示词指定图像中要出现的物体、颜色、位置、大小等细节；在文本到文本的 AIGC 中，用户可以通过提示词指定输出文本的内容、字数、语气、语言的方方面面。

提示词设计与优化是 AIGC 中一个重要且具有难度的问题。不同的人工智能模型对提示词的敏感度和反应不同，这与模型的结构、训练方式和训练数据有着密切的联系。同时，由于人工智能模型具有不可解释性，很多时候人们无法直接地推理模型输入输出的关系。创建一个高效可用的提示词需要了解人工智能模型的内部工作原理和反复大量的实践尝试。

3.2　AIGC 的类别、原理及工具

AIGC 可以根据生成的数据类型，分为文本生成、音乐生成、代码生成、图像生成、视频生成等。

（1）文本生成　人工智能在文本生成方面取得了巨大的突破。它可以帮助人们自动化写作、创作新闻摘要、进行语言翻译和生成对话等。文本生成任务从某种程度上统一了自然语言中的子任务，如文本分类、序列标注、机器翻译等，并且可以应用到人类几乎所有需要自然语言进行交互的地方，具有非常广阔的应用空间，是当前 AIGC 中最重要的突破。

（2）音乐生成 人工智能在音乐生成方面的应用引人瞩目。它可以分析大量音乐数据，学习音乐的模式和风格，并创作出新的音乐作品。人工智能生成的音乐类型丰富多样，包括古典音乐、流行音乐和电子音乐等。这项技术在电影配乐、广告音乐、游戏音效和个人创作等领域具有潜力，为音乐创作者带来了更多的创作可能性。

（3）代码生成 人工智能在代码生成领域的应用可以提高开发效率和自动化软件开发流程。通过学习大量代码样本，人工智能可以生成代码片段、函数或完整的程序。这项技术可被用于自动化重复性任务、代码补全、错误检测和优化等。人工智能生成的代码有助于减轻开发人员的负担，加快软件开发速度，为他们提供更多时间去专注于创造性的工作。

（4）图像生成 图像生成是 AIGC 的重要一环。它可以生成逼真的图像、插图、艺术作品和照片编辑效果。这项技术在创意设计、游戏开发、虚拟现实和图像合成等领域具有广泛应用，为设计师和艺术家带来了更多的创作灵感，大大提升了生产效率。

（5）视频生成 人工智能在视频生成方面的应用还处于快速发展阶段。它可以生成动画、特效、虚拟角色和场景等。通过学习大量的视频数据，人工智能可以理解视频的动态模式和规律，并生成新的视频内容。这项技术在电影制作、广告创意、虚拟现实和游戏开发等领域具有潜在的应用，为影视创作者和广告商带来了更多创意和表现形式。

以下介绍几种数据类型生成内容的形式、原理和当前最新的应用。

3.2.1 文本生成

文本生成可以说是 AIGC 最为关键的部分，它涵盖的内容多种多样，包括但不限于新闻报道、文章、博客帖子、评论、摘要、诗歌、对话等。这项技术利用先进的人工智能工具，自动或半自动地创造出各种类型和风格的文本内容。

当谈及 AIGC 的文本生成，可以将其大致分为三类：单模态生成、多模态生成和跨模态生成。单模态生成主要针对的是文本输入到文本输出的任务，这包含了自然语言生成、文本摘要、机器翻译等任务。多模态生成则指的是将多种类型的输入融合，生成文本输出，例如基于图像或者视频来进行文本描述、制作字幕或者进行视觉问答。而跨模态生成则是基于一种类型的输入来生成另一种类型的输出，例如图像到文本、文本到图像、音频到文本等。

此外，根据不同的应用场景和目标，文本生成还可以被划分为娱乐、教育、商业和社交等多个子领域。娱乐型的文本生成主要是用来创造有趣和有创意的内容，如笑话、故事、诗歌等。教育型的文本生成可以用来产生教学和学习的内容，例如教材、习题、答案等。

在技术上，文本生成涵盖了一系列人工智能和自然语言处理的核心技术，包括语言模型、深度学习、注意力机制、变分自编码器、生成对抗网络等。其中，尤其值得一提的是 GPT（Generative Pre-trained Transformer）系列模型，它们对整个领域产生了深远影响。

GPT 系列模型是一种基于 Transformer 架构的大规模预训练语言模型。这种模型通过无监督学习，从大量的文本数据中提取语言知识和规律，并通过微调或零样本学习，来适应不同的下游任务，如文本分类、文本生成等。GPT-1 到 GPT-3，参数从 1.17 亿增长至 1750 亿，表现出显著的生成能力提升。此外，GPT-3.5（也称为 ChatGPT）通过指令微调和对齐训练，成为一种强大的语言模型。而 GPT-4，于 2023 年推出，是目前最强大的语言模型，虽然其具体的参数规模和模型结构尚未公开，但其在文本生成领域的影响力不容忽视。

3.2.2　代码生成

代码生成，作为 AIGC 的又一种重要形式，其目标是利用人工智能技术自动或辅助生成各种编程语言和算法的代码，这包括但不限于 Python、Java、C++ 等。依照输入的数据类型和生成的目标，代码生成可以有多种不同的表现形式，如自然语言输出、代码输出、注释输出等。

根据输入和输出的语言类型可以将 AIGC 的代码生成划分为以下三类。

（1）自然语言生成代码　这是根据自然语言输入生成代码输出的任务。当前通过自然语言生成代码已经成为增强智能代理的重要手段。

（2）代码生成自然语言　这种任务是根据代码输入生成自然语言输出，例如为一段代码生成注释、代码解释器等。

（3）代码生成代码　这种形式是根据代码输入生成代码输出的任务，例如代码补全。

此外，基于不同的应用场景和目标，代码生成还可以被进一步划分为编程辅助和编程教育两大类。

（1）编程辅助　这种类型的代码生成利用 AIGC 技术帮助开发者快速编写、修改或优化代码，例如代码补全、重构、修复等。

（2）编程教育　这是利用 AIGC 技术提供编程教学和学习的内容，例如教程、示例、答案等。

Codex 是 OpenAI 基于 GPT-3 模型训练的一种代码生成模型。它能够根据用户的自然语言描述或示例，生成各种编程语言和算法的代码，且生成的代码具有较高的正确性和可执行性。

Codex 系列模型也带来了许多创新的代码生成应用，其中包括 Copilot 和 Codex Studio。

（1）Copilot　这是一个基于 Codex-L 模型的智能编程助手，它能根据用户在编辑器中输入的注释或部分代码，自动补全或生成完整的代码。该工具支持多种编程语言和框架，如 Python、JavaScript、React 等。

（2）Codex Studio　这是一个基于 Codex-XL 模型的可视化代码生成平台，用户只需要在网页上拖拽和配置图形化界面，该工具就可以生成相应的代码，并且支持在线预览和部署。

3.2.3　图像生成

图像生成是 AIGC 的一种重要形式，它指的是利用人工智能技术来自动或辅助生成各种类型和风格的图像，如人物、风景、动物、艺术作品等。图像生成有相当多的子任务，以下是一些细分的图像生成任务。

（1）人脸生成任务　人脸生成任务旨在根据随机噪声或条件输入生成逼真的人脸图像，通过训练深度生成模型，可以生成具有不同年龄、性别、表情等特征的人脸图像。

（2）图像补全任务　图像补全任务是指根据已有的部分图像，通过生成模型预测缺失的部分，从而补全完整的图像。

（3）图像条件生成任务　图像条件生成任务要求根据给定的条件或标签，生成相应的图像。例如，根据描述生成图像，或者根据类别标签生成对应的图像。

（4）文本生成图像任务　文本生成图像任务旨在根据文本描述生成相应的图像。这项任务结合了自然语言处理和图像生成技术，使计算机能够从文本中理解并生成对应的图像。

（5）轮廓生成图像任务　轮廓生成图像任务要求根据给定的物体轮廓或线条，生成完整的图像。这项任务在计算机辅助设计和艺术创作中具有重要应用。

（6）姿态迁移任务　姿态迁移任务是指将一个物体或人体的姿态迁移到另一个物体或人体上，从而生成具有新姿态的图像。

（7）字体生成任务　字体生成任务要求通过生成模型生成新的字体样式或字母图像。这项技术对于字体设计、广告和品牌标识具有重要意义。

图像生成用到的技术范围很广，从架构上来说有生成对抗网络、变分自编码器、扩散模型、流网络等。当前最热门的支撑文本生成图像的两大核心技术为：CLIP 和 Diffusion。

CLIP（Contrastive Language-Image Pre-training）是一种基于对比学习的预训练模型，它可以从海量的文本 – 图像对中学习语言和视觉的共同表示，并通过零样本学习来适应不同的下游任务，如文本到图像、图像分类等。CLIP 模型包括以下几个部分。

1）文本编码器：这是一个基于 Transformer 架构的大规模预训练语言模型，它可以将任意长度的文本编码为一个固定维度的向量。

2）图像编码器：这是一个基于卷积神经网络的视觉特征提取

器，它可以将任意大小的图像编码为一个固定维度的向量。

3）对比损失函数：这是一个用于优化文本和图像向量之间相似度的损失函数，它可以使相匹配的文本和图像向量更接近，而不匹配的文本和图像向量更远离。

CLIP模型在文本到图像方面展现了强大的能力和潜力，它可以根据用户的自然语言描述，生成符合描述内容和风格的图像，并且具有较高的清晰度、连贯性和逻辑性。

扩散（Diffusion）是一种基于扩散过程的图像生成模型，它可以从一个随机噪声图像逐步恢复出一个清晰真实的图像，并且可以根据不同的条件生成不同的图像。Diffusion模型包括以下几个部分。

1）扩散过程：这是一个将图像逐渐加入噪声的过程，它可以将一个真实图像转化为一个随机噪声图像，并且保留一定的信息。

2）逆扩散过程：这是一个将图像逐渐去除噪声的过程，它可以将一个随机噪声图像恢复为一个真实图像，并且可以根据不同的条件生成不同的图像。

3）扩散模型：这是一个基于神经网络的概率模型，它可以预测在每一步逆扩散过程中，图像的概率分布，并且可以根据不同的条件生成不同的图像。

图像生成技术的发展催生了火热的图像生成应用，如Midjourney和Stable Diffusion。

❏ Midjourney：它可以根据用户的自然语言描述，生成符合描述内容和风格的图像，并且具有较高的清晰度、连贯性和逻辑性。

❏ Stable Diffusion：这是一个基于Diffusion模型和CLIP模型的文本到图像生成平台，它可以根据用户的自然语言描述，生成符合描述内容和风格的图像，并且具有较高的稳定性和清晰度。

3.2.4　视频生成

视频生成是AIGC的一种重要形式，它指的是利用人工智能技术来自动或辅助生成各种类型和风格的视频。

以人物视频生成为例，首先用到了面部攻击技术。利用深度学习算法对人脸图像进行分析和处理，可以提取人脸的各种特征和属性，同时也能够捕捉人脸的表情和动作，并将其应用于生成的视频中，使得生成的视频更加逼真和自然，而且可以有更广泛的应用价值，如虚拟现实、游戏、影视等领域。

其次，在估计了面部的位置和网格（mesh）后，合成这种视频还需要面部驱动技术。这项技术利用深度学习将静态的人脸照片转换为动态的人脸视频，并合成具有不同表情的视频，这项技术可以捕捉人脸的微表情和情感，并将其应用于生成的视频中，使得生成的视频更加逼真和自然。

Runway frame interpolation 和 Runway style transfer 技术，是另一种视频生成的类型：从图像生成视频。这些算法将静态图片转换成动态视频，以及将不同样式的图片转换成相应风格的视频。

Frame Interpolation 技术提供了两种帧间插值方法，一种是光流法，计算相邻帧图像运动信息，另一种是深度学习算法从帧差图像中训练神经网络模型。这些方法能够有效提高视频帧率，但需要具体应用场景来选择合适的方法。

Kaiber text to video 技术提供了一个高效、简单的方式，将文字转化为视觉内容。这不仅可以帮助人们提高工作效率，实现更高的创造力，而且可以更好地吸引观众和客户。

3.3 AIGC 的影响

3.3.1 AIGC 对各行各业的影响

AIGC 技术将会对各行各业产生深远的影响。根据工作对于人工智能的暴露程度、工作性质的不同，部分岗位的劳动价值将大幅度下降甚至是被人工智能完全替代，例如行政助理、文员、初级的编码工作、播音、翻译等。人工智能技术在这些任务上的表现已经达到甚至超远人类的平均水平。

例如，当前基于大语言模型的自然语言生成技术完全可以完成通用的新闻写作、文本翻译、各种领域文本的基础处理。语音合成技术能够替代基础的播音工作，随着该项技术的推广，人们在各大视频平台接收到的最新发布的短视频、长视频等内容有一定比例已经由语音合成技术自动合成，替代了人工播音。

更多的岗位则是被AIGC技术赋能，主要是那些重复性低、创造性高、规则性弱、标准化程度低的工作岗位，如艺术家、教师、医生、科学家、管理者等。这些岗位的部分或全部任务需要人类的判断、决策、创新、沟通等高级认知能力和情感能力，难以被人工智能完全替代，反而可以通过人工智能的辅助和协作，实现更高的质量和价值。

例如，人工智能可以通过生成技术为艺术家提供新的灵感和素材，更快地进行概念验证，而人类则在选定方案后进行艺术的实现；可以为教师提供个性化和智能化的教学方案和评估方法；可以为医生提供精准和快速的诊断和治疗建议。

还有一部分岗位是相对于人工智能暴露较少的工作，例如体力劳动（工程建设、快递配送）、服务工作（护理、餐厅服务员），这一类工作目前难以被人工智能替代，其劳动力价值目前没有受到影响，甚至有所提升。

总的来看，人工智能技术的发展和推广将会改变就业结构和就业方式，促进就业质量和工作效率的提升。同时它也会导致传统工作岗位的转型，如教育、医疗、咨询等行业的工作。这些岗位的从业者需要及时学习和应用最新的人工智能技术、适应其带来的变化、挑战和机遇。

3.3.2　提示工程师的诞生

随着大语言模型、图像生成技术的突破，一种全新的工作领域诞生了，那就是提示工程，随之带来了全新的工作岗位——提示工程师（prompt engineer）。

提示工程师是一种重要的人工智能工程师，因为他们能够帮助生成模型提高质量和效率，降低成本和风险，为用户提供更准确、更相关、更有价值的内容服务。提示工程师也能够激发生成模型的创造力和想象力，为内容创作提供新的可能性和灵感。

提示工程师不一定需要有计算机工程或资深编程的背景，但需要具备以下几方面的技能。

（1）基本的编程技能和对生成模型的熟悉度　提示工程师需要能够使用简单的代码或工具来调用和控制生成模型，以及理解生成模型的原理和机制。

（2）优秀的自然语言处理和写作能力　提示工程师需要能够使用自然语言编写清晰、准确、有效的文本提示，以及评估和分析生成模型的输出。

（3）良好的沟通和协作能力　提示工程师需要能够与其他人工智能工程师、内容创作者、用户等进行有效的交流和合作，快速地学习、解读行业工作流程，能够将大模型通过提示工程迅速地应用到行业里。

3.4　AIGC 图像生成与提示工程

3.4.1　Stable Diffusion 的提示工程

1. Stable Diffusion 介绍

Stable Diffusion，一个在图像生成领域引起热烈讨论的模型，首次亮相于 2022 年。作为当前图像生成领域最为流行的开源模型之一，它凭借开源、可微调、轻量级和广泛适用于多种任务等优势，在用户群体中建立了独特的地位。

Stable Diffusion 是一款全开源的项目。这意味着它的源代码和神经网络权重值都是对公众开放的，用户可以自由获取、使用和修改。这为研究人员和开发者提供了一个实践和创新的平台，使他们可以根据自身需求对其进行定制和优化。借助 GitHub 等开源平台，Stable Diffusion 的代码和模型可以轻松获取，并可以在个人计算机上运行。

作为一款可微调的模型，Stable Diffusion 允许用户根据自己的需求和数据集对模型进行进一步训练,以获得更适合特定任务和数据的生成结果。例如,人们可以用自己拍摄的照片来训练模型,使其生成出符合自己审美的图片。

在资源消耗和计算成本方面,Stable Diffusion 的运行效率是相当高的,适合在较低的计算资源上运行。多个厂商都对 Stable Diffusion 进行了优化,例如,苹果公司推出的工具可以让 Stable Diffusion 在 M2 芯片上单机运行。

然而,与任何工具一样,使用 Stable Diffusion 也需要注意一些事项。由于它出身于科研领域,并非产品级别的模型,Stable Diffusion 并没有对生成结果的质量进行过多的限制,以及进行人类道德标准的对齐。因此,用户在使用此模型时,需要进行大量的测试和相关的优化,从而获得较好的生成效果。同时,用户还需遵守相关法律法规和道德准则,避免滥用该模型造成不良影响或侵犯他人权益。

2. Stable Diffusion 生态

Stable Diffusion 是当前图像生成领域发展最好、相关作品最多的模型之一,其生态系统包括以下方面。

- ❑ 官方产品:Stable Diffusion 的官方产品包括 DreamStudio 等。DreamStudio 是一个全功能的图像生成工具,它提供了丰富的功能和选项,帮助用户实现高质量的图像生成。
- ❑ 开源工具和 WebUI:除了官方产品,还有许多基于 Stable Diffusion 的开源工具,其中最为出众的就是 WebUI。
- ❑ 基于 Stable Diffusion 改造的垂类模型:Stable Diffusion 的生态系统中涵盖了许多基于 Stable Diffusion 改造的垂直领域模型,如 Controlnet、Stable Diffusion Infinity 等。这些模型在 Stable Diffusion 的基础上进行了改进和扩展,以满足特定任务或应用领域的需求。
- ❑ 微调:针对 Stable Diffusion,也有许多微调(fine-tune)的方法和模型被提出,如 LoRA、Hypernetwork、Dreambooth、Embedding 等。这些方法和模型可被用于对 Stable Diffusion

进行进一步的训练和调优，使得生成效果更可控、更收敛。

下面分别介绍这几个层级的 Stable Diffusion。

（1）官方产品　如图 3-1 所示，DreamStudio 是 Stable Diffusion 的官方产品之一。它提供了非常简单的用户交互和可配置的参数，用户通过设定风格、撰写提示、配置基础的图像属性、选择模型，即可快速地生成自己的 AIGC 作品。

图 3-1　DreamStudio 产品界面

❑ 尺寸：决定生成图像的分辨率。

❑ Cfg Scale：控制生成图像与提示词的相关性。

❑ Steps：指定去噪（denosing）阶段的步骤数量。

❑ Sampler：确定从潜在空间中采样的策略。

❑ Model：选择使用的 Stable Diffusion 模型的版本。

❑ Image：选择输入的图片。

（2）开源工具和 WebUI　除了官方产品，还有许多基于 Stable Diffusion 的开源工具。其中一个比较强大而简单易用的工具是 WebUI，如图 3-2 所示，它支持多种任务，包括图像的 Upscaling（超分辨率增强）、Inpaint（修复图像缺失部分）和 Instruct2Img

（根据指令生成图像）等。用户可以通过 GitHub 或其他平台下载 WebUI 的代码，并在自己的计算机上运行。

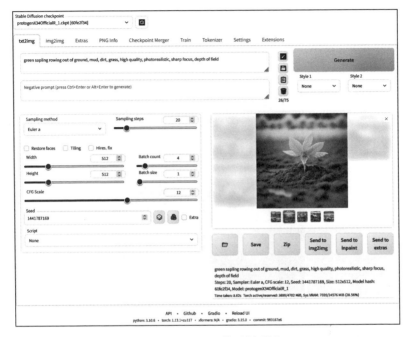

图 3-2　Stable Diffusion 的开源项目 WebUI

WebUI 还有强大的插件系统。用户只需选择需要的插件，在前端界面填入按照约定规则开发的代码的 GitHub 地址，即可一键安装。这种软件设计使得用户能够根据自己的需求灵活地扩展工具的功能。插件系统给予了 WebUI 极强的可拓展性。

（3）基于 Stable Diffusion 改造的垂类模型　Stable Diffusion 的生态系统中涵盖了许多基于 Stable Diffusion 改造的垂直领域模型，如 Controlnet、Stable Diffusion Infinity 等。例如，Controlnet 是一种基于条件生成的模型，它可以利用内置的 OpenPose 工具来提取人物的姿态，并根据文本提示生成与姿态相一致的图像。除了姿态，还可以引入深度图、语义分割图的信息，从不同角度控制 Stable Diffusion

的图像生成。

（4）微调　如果我们希望模型的输出能够更加收敛，例如仅输出某个特定的人物，或者仅输出某种风格（如中国风），那么就可以使用微调方法，改善模型的生成效果。其中，一种非常有效的微调方法就是 LoRA。图 3-3 展示了基于国画数据训练后的 LoRA 生成的图像。

图 3-3　Stable Diffusion 基于国画数据训练后的 LoRA MoXin

LoRA 方法通过在训练过程中引入目标形象、风格或主题的信息，使得模型在生成过程中更加倾向于产生与目标相一致的图像。通过微调，模型可以更好地收敛于用户所期望的形象、风格或主题。从图 3-3 中可以看到，在国画数据上微调得到的 LoRA MoXin，其生成的图像具备国画风格，如线条、色彩和气韵等。

使用 LoRA 时，首先需要收集关于某一形象、风格或主题的少量图片（约 100 张左右），作为训练数据。其次，可以使用这些数据对模型进行训练，以使其更好地适应目标形象、风格或主题。最后，在进行预测时，需要同时加载 LoRA 和 Stable Diffusion 两个模型，这样就能够输出微调风格的图像。

LoRA 的特点有以下几个方面。相比于一些需要大量训练数据的方法，LoRA 方法所需的训练数据量较小。几百上千张图片就能够微调模型，相比于动辄数亿张训练数据的大模型而言是非常划算的。LoRA 方法引入的额外模型参数较小，通常在几十 MB 到几百 MB 之间，不会过于增加模型的复杂度。此外，LoRA 的训练过程不会更新 Stable Diffusion 模型的参数，这样使得二者从结构上是可分离的。

感兴趣的读者可以在 Civitai 网站下载开源的 LoRA，配合原生的 Stable Diffusion，在 WebUI 中联合加载使用。

Embedding 也是一种微调方法，称为文本反演，它可以在不修改模型的情况下，为模型定义新的关键词，从而引入新的概念。Embedding 的原理是通过寻找最能代表新概念的文本向量，然后将其作为模型的输入。这相当于在语言模型中找到一种描述新概念的方式。

使用 Embedding 时，首先需要收集关于某一对象或风格的少量图片（约 20 到 50 张），作为训练数据。其次，可以使用这些数据对模型进行训练，以使其生成一个文本向量。最后，在进行预测时，需要同时加载 Embedding 和 Stable Diffusion 两个模型，这样就能够输出微调对象或风格的图像了。

Embedding 的特点有以下几个方面。相比于一些需要修改模型结构或参数的方法，Embedding 方法不需要改变模型本身。这样使得模型保持了原有的性能和稳定性。Embedding 方法只需要训练一个文本向量，而不是整个模型。这样使得训练过程更加快速和简单。

3. 图像生成与提示词

提示工程的目的是让文字生成图像模型能够更好地理解和实现用户真正要表达的意图。基于对文本生成图像大量的实践，可以总结出撰写提示词生成图像的一些要点。

首先，需要对图像有一定的描述角度，例如：确定图像的类型，如风景、人物、动物等；描述图像的主题，如具体的名词、形容词、动词等；描述图像的场景，如背景、位置、角度、氛围等；指定图像的风格，如卡通、写实、抽象等；包含光照和细节，如阴影、纹理、色彩等；说明图像的构图，如对称、平衡、对比等；定义图像的色彩方案，如暖色、冷色、单色等。

其次，避免过于复杂或模糊的描述，以免造成混淆或失真。

需要注意的是，由于文本生成图像模型的结构、版本不同，输入的具体的关键词、语言和描述方式所产生的效果是存在区别的，例如 DALL·E 2，Midjourney 和 Stable Diffusion 采用的具体的提示词是不同的，但都可以采用以上的经验作为指导进行撰写。

4. Stable Diffusion 中的提示词

在 WebUI 中，提示词可以使用一些特殊符号或标签来指定或修改某些信息，从而影响图像生成的效果。这些符号或标签可以看作一种运算符，可以对提示词中的词汇或短语进行加权、组合、排除等操作。他们通过影响扩散模型的去噪（denosing）过程中加入的词嵌入来控制图像生成的结果。

以下是 Stable Diffusion 中的提示词常用的符号或标签及其含义和用法。

❑ #color=xxx：这个标签可以指定图像的整体颜色为 xxx，例如，#color=red 表示图像为红色调。

❑ #style=xxx：这个标签可以指定图像的整体风格为 xxx，例如，#style=cartoon 表示图像为卡通风格。

❑（word）：这个符号可以增加 word 指代物的权重，让 Stable Diffusion 更关注 word 指代物，例如，（猫）表示更想要生成猫的图像。这个符号可以嵌套使用，例如，（（猫））表示更加强调猫。

❑ [word]：这个符号可以减少 word 指代物的权重，让 Stable Diffusion 更忽略 word 指代物，例如，[狗] 表示不想要生成狗的图像。这个符号可以嵌套使用，例如，[[狗]] 表示更加排除狗。

❑ (word:x)：这个符号可以指定 word 指代物的权重为 x，x 是一个大于 0 的数字，例如，（猫 :2）表示猫的权重为 2。这个符号可以代替括号或方括号来精确控制权重。

❑ /：这个符号可以用来分隔不同的信息，让 Stable Diffusion

同时考虑它们，例如，猫 / 狗表示既想要生成猫也想要生成狗的图像。

- ❑ - ：这个符号可以用来排除某些信息，让 Stable Diffusion 不考虑它们，例如，猫 - 黑色表示不想要生成黑色的猫的图像。这个符号可以和括号或方括号结合使用，例如,(猫 -[黑色]) 表示更关注非黑色的猫。

提示编辑（prompt editing）是一种高级用法，通过参数化的方法，构建不同的提示词，能够在生成图像的过程动态插入不同提示词的嵌入，实现更细粒度的控制。

提示编辑的基本语法是：[from:to:when]，其中 from 和 to 是任意的文本，when 是一个数字，表示在生成图像的哪个步骤进行切换。切换的时间越晚，模型就越难把 to 文本代替 from 文本绘制出来。如果 when 是一个 0 到 1 之间的数字，表示切换的步骤占总步数的比例。如果 when 是一个大于 0 的整数，表示切换的具体步数。

提示编辑可以嵌套使用，也就是说可以在一个提示编辑中再使用另一个提示编辑。

例如：a landscape painting of a garden painted by [Van Gogh:Picasso:0.5]

实际执行过程为：

在生成的 1 ～ 50 步时采用的提示词为：a landscape painting of a garden painted by Van Gogh

在生成的 51 ～ 100 步时采用的提示词为：a landscape painting of a garden painted by Picasso

交替词汇也是 Stable diffusion WebUI 提供的一种提示语法，用于每隔一步就交换词汇。

输入提示词：A cute [cat|dog] in the yard in the cartoon style，图 3-4 和图 3-5 展示了利用交替词汇的生成图像的中间过程：当输入 A cute [cat|dog] in the yard in the cartoon style，在生成的第 1 步时使用的提示词是"A cute cat in the yard in the cartoon style"；第 2 步的提示词是"A cute dog in the yard in the cartoon style"。第 3 步的提示词是"A cute cat in the yard in the cartoon style"，以此类推。

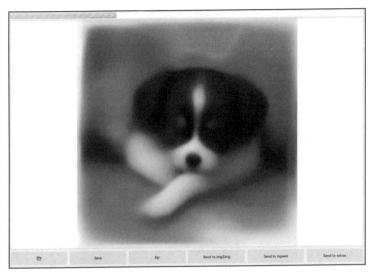

图 3-4 通过交替词汇生成图像：A cute [cat|dog] in the yard in the cartoon style，30%：A cute dog in the yard in the cartoon style

图 3-5 通过交替词汇生成图像：A cute [cat|dog] in the yard in the cartoon style，73%：A cute cat in the yard in the cartoon style

3.4.2　Midjourney 的提示工程

1. Midjourney 介绍

Midjourney 是一款图像生成应用，它被公认为是目前最火热的图像生成产品之一，其高质量的图像生成能力和多样的风格表现，为用户带来了前所未有的创作乐趣，同时带来了巨大的商业价值和产业影响。

Midjourney 的运行环境通常是在 Discord 频道中。Discord 是一个免费的语音、视频和文本聊天应用，主要用于游戏玩家之间的交流。用户可以在这个频道中生成和共享图像，与其他用户一起讨论和研究不同的创意和风格。

Midjourney 的交互设计非常简单易用。用户只需要输入文本描述，然后就能生成相应的图像输出。这样的交互方式让用户不需要拥有专业的图像处理技术或者艺术设计背景，仅仅依靠自然语言的提示词就能轻易地创作出自己想要的图像。此外，Midjourney 还提供了少数可调参数，供用户根据需求微调生成图像的风格和细节。这种自由度的提供，进一步增加了 Midjourney 的灵活性和用户的创作乐趣。

Midjourney 以其出色的图像生成品质而闻名。无论是逼真的人像，还是惊艳的景观，或者是富有创意的抽象图像，Midjourney 都能提供高质量、清晰度高的图像。并且，Midjourney 不仅仅只有一种风格，它能生成多样化的风格表现，为用户提供广泛的选择空间。这使得用户可以根据需求和创意生成多样化的图像内容，实现真正意义上的"以文字驱动画面"。

以上这些特性使得 Midjourney 吸引了超千万级别的使用者以及大量的付费用户，据披露 Midjourney 的年收入已经超过一亿美元，证明了其在市场上的成功。

值得注意的是，Midjourney 是一个高度闭源的人工智能产品，至今没有给出任何关于其实现的细节。但通过其展示出来的交互细节，我们有理由相信 Midjourney 采用的是扩散模型。

2. Midjourney 中的提示词

Midjourney 可以通过提示词、垫图来控制图像生成的效果。其中提示词又可以分为两部分，第一部分是图像的内容，第二部分是 Midjourney 提供的可以调节的参数。

图像的内容就是自然语言组成的短句、用逗号隔开的词组等形式。例如：transparent bear sculptured of by the light, embeded with shining Diamond, super detailed, colurful, dreamful。

下面重点介绍 Midjourney 可以调节的参数。

1）模型版本。Midjourney 提供了多个版本的模型供用户选择，每个版本的模型都有其独特的优点和特性。用户可以通过"--v"参数选择要使用的模型版本。例如，如果你想使用最新的 v5.1 版本，可以使用"--v 5.1"的参数。

2）垫图权重是 Midjourney 的一个重要参数。用户可以通过"--iw"参数设置垫图的权重，范围在 0.5 到 2 之间。垫图权重决定了在生成新图像时，输入的图片（垫图）会保留多少信息。权重越高，生成的图像就会保留更多垫图的信息。这一参数为用户提供了更大的创作空间，能够实现"以图生图"的效果。

3）Midjourney 的生成图像质量可以通过"--q"参数进行设置。质量参数的范围是 0 到 2，其中权重越高，生成的图像质量越好。这一参数对于那些对图像质量有更高要求的用户来说，提供了非常大的便利。

4）Midjourney 的生成过程中有一定的随机性，而随机数种子就是影响这种随机性的关键因素。通过"--seed"参数，用户可以设置随机数种子。设置相同的种子可以复现相同的生成结果，这对于那些希望复现之前生成结果的用户来说是非常有用的。

5）Midjourney 还提供了一个专门生成卡通图片的模型，用户可以通过"--niji"参数来启用这个模型。这个模型对于那些希望生成卡通风格图片的用户来说，是一个非常好的选择。

Midjourney 的这些参数提供了许多自定义选项，让用户可以根据自己的需求和偏好调整 Midjourney 的行为和生成结果。

以下是一个具体的例子，在这个提示词中包含了图像内容的描述语和参数。

transparent bear sculptured of by the light, embedded with shining Diamond, super detailed, colurful, dreamful --q 2 --niji

3.4.3 实战：利用 ChatGPT 和 Midjourney 完成广告文案和图像的生成

本小节将利用 ChatGPT 和 Midjourney 共同完成一个广告图像的生成。

人工智能图像生成遵循以下的工作流程：文本描述→生成素材→修改→下游制作。下面以制作 Microsoft Surface 在学习场景中应用的海报为例，一步步解析这个流程。

第一步，文本描述。在制作海报的过程中，需要详细地描绘出我们的想法，包括海报的主题、内容和情感。例如，在本小节的例子中，我们的描述是这样的："改变未来的学习方式——Surface 是一种新型教学工具，通过其先进的笔记本电脑功能和可操作性，可以帮助学生更好地参与课堂学习，创造性地表达和展示想法，以及在家里完成作业。同时，教师也可以使用 Surface 来提高教学效率和帮助学生更好地理解课程内容。"

第二步，生成素材。这里就需要利用 Midjourney 生成广告中的图像素材。我们需要将上述的描述转化为合适的 Midjourney 的提示词，以生成能够传达相同含义的图像。

在撰写 Midjourney 的提示词时，一个好的方式是通过模板和具体的需求来生成。这里的模板是指一套提示词的描述语言，包含了想要描述的图像中的信息。例如，[摄影类型，镜头，距离，主题，方向，胶片类型，方面]，它提供了一个结构化的方式来描述用户想要生成的图像。

具体来说，这个模板中的每一个元素代表了一个描述图像的特征。例如，摄影类型可以是风景摄影、人像摄影或者抽象摄影等；镜头可以是广角镜头、标准镜头或者长焦镜头等；距离可以是近距离、中距离或者远距离等；主题就是用户想要展示的主题，如一座山、一朵花或者一个人；方向可以是正面、侧面或者背面等；胶片类型和方式可以分别描述用户期望的色彩风格和构图方式。

在实际操作中，我们可以首先根据这个模板，列出一系列可能的选项，然后根据具体的需求，选择适合的选项来填充模板。例如，根据需求描述，我们想要生成一张展示学生在教室中使用 Microsoft Surface 的图片，可以选择摄影类型为教育摄影，镜头为 35mm，距离为近距离，主题为学生使用 Microsoft Surface，方向为三分之二，胶片类型为彩色胶片，方面为长方形。

在确定了这些选项后，我们就可以将它们拼接成一个句子，形成 Midjourney 的提示词。例如，我们可以输入以下的文字提示到 Midjourney 中："educational photography, 35mm lens, close distance, student using Microsoft Surface in a classroom setting, three-quarters direction, color film, rectangular aspect ratio."

而事实上，我们完全可以通过 ChatGPT 来帮助我们生成这样的提示。在撰写输入到 ChatGPT 的提示词时，我们可以采用以下的模式来创作：一段指令 instruction，一个样例（one-shot）和需要生成的任务（task）来生成一个完整的文字提示。

将 ChatGPT 提示词构造为：

generate a prompt using this formula: [type of photography, lens, distance, subject,direction, type of film, aspect]pad on the table, warm => [Still life photography, 35mm lens, close distance, iPad on a table. slightly angled direction, color film with warm tones] Surface 让您和家人更好地共享和创造美好回忆，通过其高清屏幕和强大的处理能力，您可以在家中观看电影，玩游戏，处理照片和视频，与亲朋好友保持联系 =>

接着，我们根据前面的描述，生成了如下的 Midjourney 提示词：

"educational photography, 35mm lens, close distance, student using Microsoft Surface in a classroom setting to actively engage in class discussions, take notes, and create presentations, while the teacher uses Surface to enhance their teaching and better assist students in understanding course materials, three-quarters direction, color film with bright and lively tones, rectangular aspect ratio."

将这个提示词输入到 Midjourney 中，就可以生成一张与描述相符的图像素材。

在得到初步的图像素材后，我们还需要对这个素材进行一系列的修改和调整，以满足设计需求。这些调整可能包括裁剪、调整色调和明暗、优化图像细节等。

在本小节的例子中，我们首先生成了一张照片级别的素材，然后通过风格迁移生成了扁平风格的图片。但是，在这个过程中，手部区域出现了一些异常，我们需要通过图像补全的方法重新生成填充，最后得到了满意的效果。图 3-6 展示了通过 Midjourney 生成基础的图像素材。

图 3-6　通过 Midjourney 生成图像

在完成素材的修改后，我们就可以进入到下游制作阶段。这个阶段主要包括添加文本、调整排版、进一步调整色彩和加入渐变特效等工作。在完成这些工作后，我们就得到了一张可以用于宣传的海报。图 3-7 展示了最终的成品。

以上就是使用 Midjourney 制作 Microsoft Surface 宣传海报的具体流程。在这个过程中，我们使用了 ChatGPT 和图像编辑软件作为辅助工具。通过这样的工作流程，我们可以看到，人工智能图像生成技术在海报设计中的强大潜力和应用价值。

图 3-7　通过 PowerPoint 和 Midjourney 制作海报

第 4 章 *Chapter 4*

提示工程的基本思路和技巧

4.1 提示工程基础知识

4.1.1 提示工程的基本思路

提示工程即为通过构建合适的提示词，提供相关的信息，来调教大语言模型（Large Language Models，LLM）帮助人们完成所需的任务。那么如何来进行调教？这涉及如下几个方面。总体的出发点是可以把大语言模型想象成一个强大的助手。那么在给这个助手分派任务的时候，就需要考虑这个助手擅长什么，想让它做什么，然后对它做出来的"样品"如何进行评估。

第一，提示词的撰写是基于对大语言模型的特点的基本认知，即大语言模型擅长的部分和（暂时）不足的部分。

第二，提示词是基于用户对任务的透彻理解，并且通过语言清晰地表述出来。把大语言模型想象成一个强大的工作秘书，它拥有广博的知识并精通各种任务。但是，对于用户需要完成的任务，语言模型并不知晓，特别是行业内的细分领域的知识和具体任务的要求。这就需要用户在撰写提示词的时候，首先把任务理解透彻：需要做什么，有哪些知识需要通过提示的方式告诉语言模型。正如我们在工作中给人分派任务一样，往往一个简单的任务描述是不够的，而需要我们将各方面的要求阐释清楚甚至提供好的样例来使对方准确理解我们的意思，对大语言模型亦然。

第三，提示工程要求用户有一套方法来评估提示词的好坏。语言模型固然强大，最后它输出的结果可能不符合要求，好的提示词应当能够在多次使用中使模型输出优质的结果。

第四，提示工程是需要反复迭代的。正如与人类助手的合作时也往往需要多次修改迭代一样，和大语言模型的"合作"需要用户反复基于返回的结果对提示词进行调整。对于语言模型非常熟悉的、在它训练时候就已经见过多次的任务，可能只需要少量迭代就可以。但是随着我们希望用语言模型来完成更多更复杂的任务，或者深入到垂直领域，对提示词的调试就显得尤为必要。

总而言之，以当前大语言模型出色的人类语言理解和表达能力，人们完全可以把它想象成一个助手，然后考虑如何跟它进行有效的沟通来完成手头的任务。因此，提示工程表现得更像是一门艺术。许多实操的案例表明，写出好的提示词需要发挥想象力。某些看似不经意的改动可能带来出其不意的效果。如 Isola 的推文指出在提示词里加入一些特殊词语可以提升图片的质量[⊖]，以及由 Kojima 等人提出的"让我们一步一步思考（Let's think step by step）"提示，可以大幅提高大语言模型在推理任务上的正确率。

OpenAI 专门发布了"获得更佳提示结果的 6 条策略"（https://platform.openai.com/docs/guides/prompt-engineering/six-strategies-for-getting-better-results），来指导人们使用提示工程，这些策略包括：

1）编写清晰的指令：提示者应直接说明自己的需求，例如，要求大语言模型简短答复，或要求专业级答案等。需求表达得越清晰，得到的回复也就越准确。

⊖ 诚然，这些技巧的普适性是有待商榷的，此处仅想借助这些例子表明提示工程在这里也表现得像一种艺术。

2）提供参考文本：为了对抗大语言模型可能产生"幻觉（hallucination）"的情况，在提示时最好同步提供含有准确的原始信息的参考文本。

3）分解复杂任务：将复杂任务拆分为更简单的子任务，或者基于早期任务的输出构建后续任务的输入，都可以有效地降低大语言模型回复的错误率。

4）给模型思考的时间：要求大语言模型在给出答案之前提供思考的过程，可以帮助它更可靠地推理出正确的答案。

5）使用外部工具：利用其他工具的输出来弥补大语言模型的不足，例如，目前被称为"检索增强生成"的方法就是利用文本检索工具获得文档信息。

6）系统化测试改进：通过与标准答案的对比来评估大语言模型的输出，以确认更改提示对提升模型性能有效。

依据具体情况综合使用上述策略，能够帮助用户更有效地利用大语言模型获取准确的结果。

4.1.2　提示工程的特点

本小节具体介绍提示工程有哪些特点。正如 4.1.1 小节所述，提示工程需要基于大语言模型的特点。当前的大语言模型，如 ChatGPT 的前身 GPT-3，根据 Brown 等人公开的论文，拥有 1750 亿（175B）参数，利用了 4290 亿 token 的网络爬取的数据，670 亿 token 的书籍，和 30 亿 wikipedia 的数据。没有任何一个人可以有如此大的阅读量，遑论将如此庞大的信息组织在一起。当然，所有人类的知识量总和起来是有这么多的，但是每个领域每个人所获得的知识是割裂的，没有易扩展（scalable）的方式将它们汇总叠加融合。而大语言模型使这成为可能。它见过几乎所有公开的网页，学习过几乎所有领域的知识。因此，我们在撰写提示的时候，就可以先想一想，这个任务是不是大概率它已经见过很多次了，还是对它来说比较新的任务。例如，我们想让语言模型解释一个词的含义，那么可以想象，它在训练的过程中已经见过了大量网上词典和百科词条，自然可以做得很好，除非这个词的意义非常生僻，在网上都很难见到，或者甚至只有在某个尚未完成电子化的古书中存在。再例如，我们想让语言模型写一份请假条，那么它必定已经见过网上成千上万的类似文本，只要简单告知这个任务它就可以做的很好。相反，如果我们想让它撰写一份行业趋势发展报告，那么它大概率会陷入空洞无物、泛泛而谈的毛病。这就需要我们来提供更多的"干货"和背景资料来使报告更有深度。

此外，由于大语言模型见过的资料是跨领域的，而所有这些信息都蕴含在整个庞大的神经网络之中，它自发地建立了不同概念和知识的内在联系。这使得它能很好地帮助人们打开思路，发现新的不同领域交叉带来的新方向和新角度，甚至帮助人们意识到思维的盲点。因此，完全可以利用大语言模型的这个特点来使得人们的工作更富创造力。这个时候，应当在提示的时候尽量激发语言模型的这个特点，促使它提供更多角度的思考方式。

最后，大语言模型拥有强大的多语言理解和表达能力，以及强大的代码能力。这是因为大语言模型在训练时使用的目标函数就是基于上下文词条预测的准确率。这意味着，在语言润色、修饰、翻译这些常见的自然语言处理任务的时候，大语言模型能够驾驭得非常出色。因而，通常的提示词撰写都是基于自然语言。当然，在文献中也有很多工作发现最优的提示词并不一定是人类可读的。但是这样的提示词往往需要通过数学优化方法（梯度下降、遗传算法、强化学习等）得到，获得的时候较为烦琐，而且其在相似任务或不同模型间的可迁移性尚未有系统的研究。此外，从工程应用的角度来讲，让一个提示词是人类可理解的也方便后续的维护和改进。

上面从大语言模型的特点出发介绍了提示工程如何利用这些特点。下面再介绍提示工程师在这其中发挥的作用。

第一，如4.1.1小节提到的，用户需要提供完成目标任务的具体信息和细分领域知识。即回答我需要它完成什么，什么是语言模型已知的和什么是语言模型未知的。这些问题看似简单，在解决具体应用问题的时候并不尽然。例如，用户希望用语言模型来完成文本的分类，检测文本中是否有歧视性的语言。那么就需要首先理解清楚，对于当前的应用场景，什么是有歧视性的语言。这里面肯定有很多模棱两可的语言需要处理。再例如，用户用语言模型来做检索句扩展（query expansion），那么很显然，对于一个语句作扩展可以有多种可能的目的，每种目的的要求是不一样的。可能是希望通过扩展使得检索句更符合用户的意图，可能是希望更广泛地涵盖到这个检索句可能的各种不同的意义，可能是希望换用一种更常见的更能够搜到相应文档的表述等。每一种具体的目的，决定了提示词应该怎样优化，和相应地，在提示词中提供什么样的细节信息。

第二，大型任务需要人来预先进行分解。虽然语言模型能够接受的输入长度在不断提高，拆解复杂任务仍然是达到理想输出所必要的。以撰写论文为例，可以分解成论文选题、分角度文献搜集、小节撰写等阶段，每个阶段的优化目标是不同的。选题阶段，着重在利用大语言模型来进行头脑风暴，发现新颖的观察角度和研究方向。分角度文献搜集阶段着重在利用大语言模型广泛的阅读量，提供已有工作的总结，帮助我们迅速了解一个方向的已有工作。当然，由于语言模型也容易犯事实性错误，这一阶段的结果也需要提示工程师对结果进行甄别核实。但即便如此，往往大语言模型提供的结果也非完全错误，而是对帮助我们进一步查找精确信息提供了有效关键词和基础概念。小节撰写阶段着重在语言的准确性和合规性。对此，我们可以在提示词中提及相关的文字风格方面的要求。综上，对于复杂的任务，或者任何语言模型做得不够理想的任务，提示工程的一大方向就是将这个任务作进一步细分，对每个子任务设计不同的优化目标和提示。

第三，大语言模型的输出需要人来把关。除了肉眼可以迅速判断的质量好坏以外，这里所说的把关涉及以下几个方面。

1）大语言模型是一个概率模型，每次输出的结果可能不同。一个提示词的好坏，不能仅凭单次的结果，而应当根据多次结果的综合。即使是在小规模数据上已经调试好的提示，在更大样本集上运行的时候，仍有一定概率有部分结果不符合用户的要求。

2）众所周知，大语言模型可能"一本正经地胡说八道"，即所谓"幻觉"。由于它总是会表现得非常自信而肯定，当它在提供虚假信息的时候，人就会很容易被误导。如果应用场景对事实性错误容忍度较低，那么检查结果的正确性就极为重要。

3）同一个提示词在不同的模型上效果可能有差别。特别是我们的提示词如果是在一个大模型上调试好的，那么换到一个更小的模型往往质量会下降，而需要进一步调试。一个经过人类反馈强化学习（Reinforcement Learning from Human Feedback，RLHF）调试过的模型和原始的模型在输出的分布上也会不同，因此也需要对提示词作调整。

4）大语言模型对一些人类觉得没有区别的东西可能意想不到地敏感。更准确地说，我们需要确保大语言模型没有错误地理解我们的要求，没有觉察到输入中的一些任意模态（pattern），而导致结果的统计偏差（bias）。例如，人们在提示词中列出了一系列信息，那么这些信息的排序有可能会引入额外的偏差，如有可能语言模型会认为前面的更重要因而前面的信息会在结果中占到更大的权重（或反之）。再例如，人们在提示词中列出了一堆需要模型来打分的样本，那么不同的分割符可能对结果质量有影响。这些往往在一次试验中难以观察到，而需要多次测试和采用不同的样本。

4.1.3 提示调试涉及的因素

一个最简单的提示即为对任务的描述，即指令（instruction），以及当前需要模型进行处理的输入（input）。对于复杂的任务，我们还需要提供所需的上下文信息（context）或提供示例（demonstration）。在图 4-1 所示的例子中，指令即为告知语言模型我们希望它对推文（tweet）进行情感分类，示例即为两个具体例子，而输入即为当下需要语言模型进行判断的推文。对提示词进行调试包含对提示词这些要素的选用和改进。具体的技巧会在后续小节介绍。这里介绍两个具有普遍性的因素：创新性和稳定性的取舍，以及输出结果的格式控制。

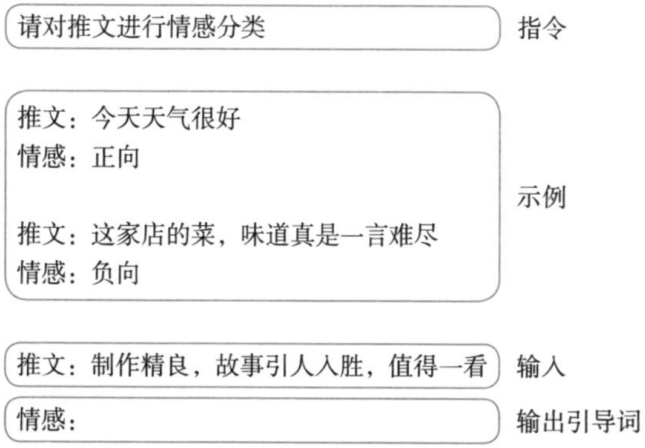

请对推文进行情感分类 —— 指令

推文：今天天气很好
情感：正向

推文：这家店的菜，味道真是一言难尽
情感：负向

—— 示例

推文：制作精良，故事引人入胜，值得一看 —— 输入
情感： —— 输出引导词

图 4-1　一个简单的包含指令和示例的提示

　　一般而言，在对提示词进行调试时面临结果创新性和稳定性的取舍。对于有的任务，我们看中结果的创新性，如生成新的想法、撰写有趣的故事等，这时最希望模型给出的是那些不那么常见的、能让人眼前一亮的结果，而非常见结果。相反对于有的任务，我们知道是有正确答案的，如上述的推文分类，或者推理类的任务等。这时我们希望模型在多次运行时候都能够返回正确的结果，即结果是稳定的。显然，通过改变提示，可以促使模型的结果更加有创新性或更加稳定。在提示不变的情况下，也可通过对采样参数的调整来实现在两者间的取舍。

　　大语言模型内部的神经网络的输出结果实际是一个词向量的分布，最后输出的文本由在这个分布上进行采样而获得。按照OpenAI 官方文档，常见的有以下几个参数。

　　1）温度（0-1 之间）：高的温度使得生成的文本更加随机，即模型更可能采样到低概率的词；低温则使结果更加确定（但仍有随机性）。

　　2）Top_p：使得模型只考虑从概率较大的 token 中采样，其效果和温度是类似的，因此只使用两者之一就可以。

3）Presence and frequency penalty：用于抑制模型重复当前文本中已有的词语，即鼓励模型转移到新的句式或者开启新话题。

对于具体的应用，合适的取值需要调试。一般而言，对于有确定答案的、非发散性的任务，可以设置温度为零，且不采用 Presence and frequency penalty。

在调试的时候需要对模型输出结果的格式进行控制。例如在推文分类任务中，只需要结果输出 positive 或 negative。但是模型往往还会有一定概率生成冗长的其他句子，如解释为什么是 positive，或者附加说明这个结果比较模棱两可等。这样"非常规"的结果不但使得输出的句子过长使 token 配额（quota）消耗更快，也给输出结果的后处理带来麻烦（即后处理函数需要处理更多的边界情况）。一种方式是用户在提示词里面告诉模型不要输出这一类信息。如"don't output any reasons"或"don't output anything else"。但是通常语言模型对于"不要做某事"的指令，并不能够很好地执行。一个常见的提示工程的小贴士是尽量把所有的"不要做某事"改写成"做什么"。如果确实需要告诉模型不要做什么，那么模型可能对这个否定表达的方式非常敏感，因而需要用户对提示词写法进行更多的调试。对于上面的例子，更有可能来规范输出结果的一种指令是"output only 'positive' or 'negative', and nothing else"。（当然此处仅为举例如何调整提示词来控制模型输出的结果。具体效果会依模型不同而有所不同，而提示词也可能需要相应调整。）另外，通过给出样例也能起到帮助规范输出格式的效果，下文对此将予以详述。

4.1.4 提示效果评估

本小节介绍如何对提示效果进行评估。如上所述，对输出的有效衡量是后续迭代的基础。对于单次使用的提示，一般只需要肉眼观看模型的输出是否符合要求，然后修改提示词直至满意。但是这仅表明这个提示词对于当前这个单一的输入，可以得到想要的结果，对于更多的不同的输入，这个提示词是否有效仍是未知的。特别是如果用户需要拿这个提示词在实际产品中反复使用，那么提示词的可靠性需要全面的评估。

首先，需要建立一个真值（ground-truth）数据集，用来评估提示词。对于常见的任务，可以寻找公开的数据集，如 Natural-Instructions 涵盖的 1600+ 个自然语言处理任务，以及 StrategyQA、ARC、Common-sense reasoning 等推理任务数据集。然而对于实际的商用场景和细分领域，往往没有现成的数据集，或者公开数据集的标注标准与应用需求有出入。这时一般的做法是搜集该问题有代表性的数据样本进行人工标注。对于这些标注，需要确保它们是高质量的，确实可以作为"真值"来指导提示句的迭代。为减少人工工作量，可以从少量的数据开始，然后用主动学习（Active Learning）的方法，不断找出当前提示词下输出结果不佳的样本，将其添加到真值数据集中，再据此改进提示词。

其次，需要定义一个指标（metric）来衡量提示词在真值数据集上的总体表现。指标的定义跟一般机器学习模型的衡量指标类似。对于二分类任务，可用 ROC AUC、PR AUC、precision/recall、F1 score 等。对于排序任务，可用 NDCG（Normalized Discounted Cumulative Gain）等。对于文本生成任务，如果这个任务有相对的标准答案，那么可以用常见的 BLEU、ROGUE 等指标衡量模型输出和标准答案的综合匹配度。除此之外，对于需要落地应用的提示词，也应考虑产品端的优化目标来定制相应的指标。

4.1.5 工具和资源

当前，提示词的撰写已成为互联网上流行的话题，相信读者可以搜索到很多好的样例作为借鉴。下面仅举几个可能有帮助的网站。

❑ " promptoMANIA: AI art community with prompt generator " 可以帮助用户撰写用于图像生成的提示。

❑ " PROMPTMETHEUS - ChatGPT prompt engineering toolkit" 帮助用户撰写 ChatGPT 的提示。

❑ "GitHub awesome-chatgpt-prompts" 搜集了许多不错的 ChatGPT

用法和相关提示词。

❑ "Public Prompts"是图像生成提示词的集合。

当然，既然提示词的撰写是一个"文本生成"任务，那大语言模型本身也可以是一个提示撰写的有效工具。用户可以用一个简单的指令让它帮助生成若干可用的提示词，或者输入一个自己写的提示词请它作润色。如图4-2所示，语言模型帮助生成了10个用于总结新闻文章的提示词供选择。

```
请帮我写10个英文的prompt，用来让GPT总结长文章的内容

1. "Can you provide a concise summary of the main points discussed in the article?"
2. "In a few sentences, summarize the key arguments made in the article."
3. "What are the main findings or conclusions drawn by the author in the article?"
4. "Could you distill the article's main ideas into a brief summary?"
5. "Summarize the article's main points in your own words."
6. "What were the primary points addressed in the article?"
7. "Give me a brief overview of the article's main themes."
8. "In a nutshell, what was the main message conveyed by the author in this article?"
9. "If you were to summarize the article for someone who hasn't read it, what key points would you highlight?"
10. "Provide a concise summary of the article's content and main takeaways."
```

图4-2 用OpenAI GPT-3.5-turbo模型生成英文提示

用大语言模型生成提示词有几个好处。如果想用你的非母语撰写提示（如中文母语者撰写英文提示），那么模型生成的提示能更好地符合该语言的用词和语法习惯。而且因为提示词是大语言模型自己生成的，能够更好地为它所理解。同时，我们可以根据模型生成的提示词来判断它是否准确和全面地理解了用户的意思。后文进阶技巧中将结合已有的研究进行详述。

4.2 提示工程基本技巧

本节开始将展开介绍一些具体的提示工程技巧。值得注意的是，随着大语言模型的更新迭代，对最新版本的模型而言，有些技巧变得不像过去那么重要，但本书仍会花简短的篇幅进行介绍，目的有二：其一，希望帮助读者层层递进地理解用提示词来调教大模

型时的巧思，为读者的实际使用抛砖引玉；其二，当我们由于某些原因不能使用最新版大模型时，依然有办法为初级一些的模型构建有效的提示。

4.2.1 上下文信息和指令

为了更好地向大模型描述我们的需求，我们会先在提示中用适当篇幅给出问题的上下文信息，然后用指令对大模型提出具体的问题，根据问题的复杂程度，指令中可能还会包含解决问题的所需步骤。在构造提示时，应该尽量给出丰富的上下文信息和清晰的指令，并且视大模型的理解和完成情况，需要时将复杂的指令拆分为多个更简单的简单指令，确保任务可执行。

1. 给出丰富的上下文信息，以及清晰的指令

下面的例子由 GPT3.5 模型生成。

假设模型的使用者是一名业余中长跑爱好者，希望提升自己 5 公里跑步的个人最好成绩。以此为目标，如何来对指令和上下文进行逐步完善，以最终引导 GPT3.5 给出详细、参考性较高的回答。

首先，直接输入"如何提高我的 5 公里跑个人最佳成绩？"这是最基础和简短的提示方式，直接提问，既没有上下文（如训练者的身体情况、训练水平、饮食习惯等），也没有明确的指令（"制定一个计划"）。

GPT3.5 对此的回应是："1. 制定一个目标；2. 增加训练里程；3. 间歇式训练；4. 采取多种锻炼方式；5. 保持体格强健；6. 科学饮食；7. 保证足够的休息；8. 放松和拉伸。"为避免困惑，GPT3.5 还简单地解释了每条建议的概念和定义。

可见，这种过于简单的提问得到的回答较为宽泛、笼统，对业余跑步爱好者恐怕没有足够的参考价值。

在此基础上，改进提示，为模型提供部分上下文信息，和明确的指令："我想在 2 个月内将 5 公里跑步个人最佳成绩提高 1 分钟。你能帮我制定一个计划吗？"这个提示让模型知道了，用户想实现

两个月内 5 公里提速 1 分钟的目标（上下文），以及需要制定一个计划（明确的指令）。

GPT3.5 的回复是："好的，为您制定的计划如下：1. 提高跑步频率，争取每周跑步 4 ～ 5 次，依您的身体状况而定；2. 在每周的固定训练中增加 1 ～ 2 次间歇性训练，选择 400 米或 800 米这样较短的距离，配合组间休息；3. 控制跑步的节奏，尝试以更快的步频跑更远地距离——比如，尝试以 5 公里地配速坚持跑 30 ～ 45 分钟；4. 采取混合训练模式，在每周的固定训练中，加入游泳 / 单车或力量训练；5. 让身体恢复：每周争取休息 1 天，并且保持每晚充足的睡眠。"

很有进步！但是与职业健身教练能为学员量身定制的训练计划还有些差距。继续尝试在保持简明的指令的基础上，向大模型提供更丰富的上下文信息："我是一名 28 岁的女性，体重 60 公斤，我的 5 公里最好成绩是 23 分 15 秒。我每周做 3 ～ 4 次简单的有氧训练，基本不做力量训练，饮食也比较随意，经常吃垃圾食品。我的目标是在 2 个月内将我的 5 公里跑步时间提高到 22 分钟。请帮我制定一个适合我情况的详细培训计划。"

这一次，用户的提示为大模型提供了丰富的上下文信息，它了解到这位业余跑步爱好者的身体状况、目前的训练水平和训练习惯、饮食习惯，以及其明确的目的：得到一个符合个人情况的详细训练计划。这一次，GPT3.5 的回复更加专业了：

"您的两个月的训练计划如下：

第一周：

❏ 周一：45 分钟有氧训练；

❏ 周二：力量训练——动态拉伸 15 分钟，20 分钟自重力量训练（推举，平板支撑，自重深蹲，等等），以及 10 分钟慢跑；

❏ 周三：45 分钟变速跑训练；

❏ 周四：力量训练，在周二的基础上小幅度增加负重；

❏ 周五：休息；

❏ 周六：以期望的 PB 配速的 80% 完成一次 5 公里训练；

❑ 周日：休息。

第二周：

……

第三周：

……

……"

不错，对于一名业余跑步爱好者，这看上去是一个值得参考，而且可行性较高的计划！

2. 拆分复杂指令

有时候，人类能理解的指令对大模型而言过于复杂，只能执行完整复杂的指令中的一部分。此时就需要将复杂的指令拆分成简单的逐步指令，保证模型能够理解并执行任务。下面举两个例子，帮助读者理解。

第一个例子，用 GPT3.5 来解决一个"最短时间"问题。当我们的复杂提示不拆分成多个简单步骤时，模型可能显出较弱的推理能力，例如下面这个例子。

小李是一个小学生。每天早上，他要完成 4 件事：洗漱 5 分钟，加热早餐 5 分钟，吃饭 10 分钟，听广播新闻 8 分钟。小李怎样安排事情的先后顺序，花费时间最短？最少要花几分钟？

GPT3.5 的回答是：

小李的最佳安排顺序是：洗漱→听广播新闻→加热早餐→吃饭。

洗漱花费 5 分钟，听广播新闻花费 8 分钟，加热早餐花费 5 分钟，吃饭花费 10 分钟。最少需要花费的时间为 5 分钟＋8 分钟＋5 分钟＋10 分钟＝28 分钟。

很明显，这不是花费时间最短的解法，因为有些事情可以同时进行，如洗漱和加热早餐，听广播和吃早饭。改进一下指令，将任务分解成更简单的 3 个步骤，改写后的指令如下。

小李是一个小学生。每天早上，他要完成 4 件事：洗漱 5 分钟，加热早餐 5 分钟，吃饭 10 分钟，听广播新闻 8 分钟。小李怎样安排事情的先后顺序，花费时间最短？最少要花几分钟？

将问题拆分成以下步骤：

（1）首先，判断这4件事中，哪些可以同时完成？

（2）将可以同时完成的事件归为同一类，然后取较长的时长为完成这一类事件的所需时间；

（3）最后，将所有的所需时间相加，得到最少需要花费的时间。

GPT3.5的回答这次是对的：

答案：

1. 同时可以完成的事件：洗漱＋加热早餐、吃饭＋听广播。

2. 将可以同时完成的事件归为同一类：洗漱＋加热早餐为一类（5分钟），吃饭＋听广播为另一类（10分钟）。

3. 所需时间最短：洗漱＋加热早餐（5分钟）＋吃饭（10分钟）＝15分钟。

这是最佳答案。这表明当人们把指令拆分成具体的小步骤，有助于模型作出正确的推理。

第二个例子使用text-davinci-003，目的是生成一份采访微软总裁萨提亚·纳德拉的德语采访提纲。首先，试着用一句话的复杂指令描述任务：

写一份采访微软现任总裁萨提亚·纳德拉的简短德语提纲，重点提问公司将来对人工智能方向的投资意向，以及公司准备如何在可持续发展等环保议题上做出贡献。不要超过4个问题。

很遗憾，text-davinci-003忽略了"德语"这个关键字，返回了一份中文的采访提纲：

1. 总裁先生，微软计划在人工智能领域投入多少资源？

2. 您在今后的发展目标中，关注环境保护问题吗？

3. 如何改善微软的可持续发展战略？

4. 微软计划如何通过技术发展为当地社区做出贡献？

为了达到目的，下面将复杂的指令拆分为"生成采访提纲"和"翻译成德语"两个步骤，重新构造提示如下：

首先，写一份采访微软现任总裁萨提亚·纳德拉的简短提纲，重点提问公司将来对人工智能方向的投资意向，以及公司准备如何在可持续发展等环保议题上做出贡献。不要超过 4 个问题。然后，把提纲翻译成德语。

这一次，text-davinci-003 充分理解了我们的分步骤提示，并且返回了符合要求的回答：

1. 萨提亚·纳德拉先生，您能谈谈微软未来在人工智能方面的投资策略？

2. 您能介绍一下公司在可持续发展方面的愿景和采取的步骤吗？

3. 微软有哪些改进或发展策略可以推动环境保护的实施？

4. 微软在现有的技术发展中能采取哪些措施以确保社会责任可持续？

1. Herr Satya Nadella, können Sie uns etwas über Microsofts Investitionsstrategie in Bezug auf künstliche Intelligenz in der Zukunft erzählen?

2. Können Sie uns beschreiben, wie das Unternehmen seine Vision für nachhaltige Entwicklung umsetzen und welche Schritte es unternimmt?

3. Welche Verbesserungen oder Entwicklungen sieht Microsoft in Bezug auf Umweltschutz vor?

4. Welche Maßnahmen plant Microsoft, um die Nachhaltigkeit seiner sozialen Verantwortung in Bezug auf die aktuelle Technologieentwicklung sicherzustellen?

可见，当模型不能充分理解复杂的提示时，用户要根据任务将指令进行拆解，引导模型正确地执行。

4.2.2　角色扮演

顾名思义，角色扮演是根据要完成任务的特定背景，赋予大模型对应的身份角色，再进一步与大模型进行交流。这种提示最简单的套用格式就是"你是一位［角色／身份］，+［角色相关的专业问题］"。

以 GPT3.5 为例，假设用户要向一名三年级小学生解释勾股定理，首先，直接提问："什么是勾股定理？"

GPT3.5 的回答是：

"勾股定理又称毕达哥拉斯定理，是指在直角三角形中，直角边的平方之和等于斜边的平方（即 $a^2+b^2=c^2$）。它由古希腊数学家毕达哥拉斯提出，是数学中最重要的定理之一。它可以用来计算直角三角形的边长，也可以应用在其他数学和物理问题中。"

回答正确，但是对三年级小学生来说，抽象的公式可能不太容易理解。于是，我们尝试让 GPT3.5 扮演一位小学数学老师："你是一名很有耐心、经验丰富的小学数学教师，善于举例说明复杂的问题。请向一位三年级的小学生解释，什么是勾股定理？"

GPT3.5 的回答是：

"嗨，小朋友，我是你们的数学老师。今天我要给大家讲解一条非常有用的数学定理，它就是勾股定理。

勾股定理是希腊数学家毕达哥拉斯发现的，它是一个三角形的重要性质。简单来说，它可以帮助我们计算出任何一个直角三角形的边长。

那么什么是直角三角形呢？直角三角形是指有一个角是 90° 的三角形，你可以想象一下一条竖着的线和一条横着的线相交，就会形成一个直角，这样的三角形就是直角三角形。

勾股定理的公式是这样的：$c^2 = a^2 + b^2$，其中 c 代表直角三角形的斜边，a 和 b 分别代表其他两条边的长度。就像这个公式一样，它们的平方相加等于斜边的平方。

现在我们来用一个例子来说明。假设一条直角三角形的一条直角边长是 3，另一条直角边长是 4，我们可以用勾股定理来计算出斜边的长度。根据公式，$c^2 = 3^2 + 4^2$，也就是 $c^2 = 9 + 16$，所以斜边的平方就是 25，那么斜边就是 5。所以当两条边分别是 3 和 4 时，斜边的长度就是 5。是不是很神奇呢？

勾股定理有很多应用，比如测量建筑物的高度或者海拔高度等。

通过勾股定理，我们可以更方便地计算出直角三角形的边长，避免烦琐的计算。所以，要记住勾股定理哦，它会在你以后的数学学习中经常用到。希望我今天的解释对你有帮助，有什么问题可以随时来问我。"

第二次回答中，不仅包含了勾股定理的定义，还举出一个具体的例子，方便小学生更直观地理解和记忆。我们还注意到，第二次回答的语气也可以模仿了小学教师，循循善诱，非常耐心。

为什么"角色扮演"能帮助大模型更好地回答问题呢？通过分配角色，用户实际上为 GPT 提供了一些背景信息和隐式的上下文，这有助于大模型更充分地理解问题，从正确的知识空间中生成答案，最终给出更好的回答。

4.2.3 从零样本到少样本

1. 零样本、单样本和少样本

零样本提示（zero-shot prompt）就是不向大模型举例，要求大模型直接输出答案。以四则运算为例，" Multiply 9 * 108:"就是零样本提示的典型。

单样本提示（one-shot prompt）即为大模型举出一个例子，再提出问题，例如：

"Multiply 42 * 11: 462

Multiply 34 * 27:"

少样本提示（few-shot prompt）顾名思义，就是为模型多举出几个例子，例如：

"Add 16 + 78: 94

1197 divided by 3: 399

Multiply 52 * 61: 3172

7892 minus 1531: 6361

Multiply 987 * 23:"

通常举的例子越多，大模型预测的效果越好[⊖]。单样本或少样本

⊖ 但是例子数目也受到模型输入长度和推断速度的限制。如果我们拥有大量的样本，那么可以使用一定的参数调优的方法，而非将例子加入提示里面，如部分的模型微调，或者下文进阶技巧章节里提到的提示调优方法等。

提示在文献中也被称为上下文学习（in-context learning），即模型完全是通过理解提示中的上下文信息来习得应该如何给出结果，而没有经过任何基于梯度下降（gradient-descent）的参数更新。

截至目前，我们在本章中讨论的提示技巧都属于零样本提示。下面，我们将通过具体的例子说明少样本提示的优点以及撰写时需要注意之处。

2. 少样本提示

少样本提示的大体格式为："例子 1 [输入 1 - 输出 1] + 例子 2 [输入 2 - 输出 2] + 例子 3 [输入 3 - 输出 3] + … + 需要 GPT 回答的真实输入"。以情感二分类任务为例，少样本提示可以写成：

Touching story: positive

Boring and incredibly verbose: negative

Highly recommended: positive

It's not to my taste:

在这个少样本提示中，前三条是为大模型举出的例子，最后一条是情绪二分类任务的输入。我们期望的输出是 negative，读者可以自己试一试，大模型是否不需要我们给出任何任务描述，直接从先前的 3 个例子中领会了我们的意思。

少样本提示不仅适用于二分类 /yes or no 等简单问题，当用户对大模型的输出有格式要求时，它也是一种有效的规范输出格式的手段。

以某餐饮点评软件上对餐厅多维度评价的用户留言为例，如果我们希望 GPT 根据文字评价给出"环境""服务""食物品质""性价比"等多个方面的打分时，可以构造如下的提示：

Given user's comment for a restaurant, rate the restaurant's service, food quality, dining environment and cost-efficiency on a scale of 1 to 5. The better the user's comments, the higher the score.

"Food served very slowly, and side dishes are of extremely limited kinds. Besides these, the main courses are too mediocre to cost so much money." - [service: 1, food quality: 1, dining environment: 2, cost-efficiency: 2]

"The 2 main courses, grilled eel over rice and thousand-layer beef bibimbap are so tasty that they go far beyond our expectation. The dining environment is overall clean and quiet, with friendly waiters. You can also use coupons to get large discounts." - [service: 3, food quality: 4, dining environment: 3, cost-efficiency: 3]

"With very few streets parking in front of the restaurant, we had to walk 15 minutes before settling down for dinner. However, the authentic Thai hotpot really hit our spot. They served dishes quickly, also provided free shrimp crackers as appetizers. It's a little noisy and hot inside, but it worth it." - [service: 3, food quality: 4, dining environment: 2, cost-efficiency: 3]

"We're so hungry and spent $25 on a single beef burrito near the gas station. Guess what? There's barely 10g beef and a tiny slice of lettuce inside. The advertising picture is only to mislead customers, and staff turned a deaf ear to our complaints."

给出 3 个示例后，真实的 comment（"我们太饿了，在加油站附近花了 25 刀买了一个牛肉卷饼，猜猜怎么样？里面连 10 克牛肉都没有，生菜也只有一小片。菜单上的照片是用来误导消费者的，而且商家对我们的抱怨充耳不闻"）作为第 4 条输入。GPT 的返回是：

[service: 2, food quality: 1, dining environment: 2, cost-efficiency: 1]

这个回答比较合理，尤其是 food quality 和 cost-efficiency 两个维度，与真实用户一致性较高。另外值得注意的是，少样本提示使得输出的格式与示例中保持了一致，遵循了 [service: , food quality:, dining environment:, cost-efficiency:] 的特定格式，而如前文提到的，输出格式往往难以用自然语言指令向大模型描述。

总而言之，在向模型提供少样本例子时，我们应该以"输入-输出"的格式成对地给出示例；少样本在输入和输出的分布，最好能较为真实地反映实际数据的输入和输出分布，比如正例和负例应该较为均衡；而且，我们应该精心构建少样本例子中的输出格式，这样能更好地确保模型的最终输出格式符合我们的预期。

4.3　提示工程进阶技巧

本节介绍提示工程的一些进阶技巧。这一领域在快速进展，最新的文章也层出不穷，因此难免挂一漏万，且任何文献的综述都极易过时。细心的读者将发现，很多方法在根本思路上有相通之处。本节选取若干方法进行介绍的目的主要是希望读者领会其中的思想，从而为自己撰写提示打开思路，而不必过多拘泥方法的细节。

4.3.1　思维链

前文提到的大语言模型的"幻觉"，表现在推理任务上就是模型生成的内容缺少逻辑，与人们在日常生活中的思考和推理相差甚远。思维链（Chain-of-Thought，CoT）是一种鼓励大语言模型解释其推理过程的方法，它可以帮助我们理解和评估模型的能力和局限性。比起传统完形填空式的解题，拥有思维链的大语言模型能像人一样进行学习推理。思维链有多种类型，如手动思维链、零样本思维链和多模态思维链等。

（1）手动思维链（manual chain-of-thought）　这种方法需要预先设计一些特定的问答作为示例，就像单样本或少样本提示那样。然而不同于一般的提示，除了给出结果外，这些回答还需要展示出推理的过程。我们可以在回答中加入一些逻辑连接词，如"因为""所以""如果"等。这样有利于模型从问答中学到一条完整的思维链。如图 4-3 所示，一个手动思维链的例子是：计算快递小哥完成配送一共所需要的时间。在提示中，给出了一个关于计算播种机播种亩数的问答作为示例。不同于一般提示，这里除了给出计算结果（"5 台播种机 6 天播种 300 亩地。"），还描述了推理的过程（"4 台播种机 4 天播种 160 亩地，故一台播种机一天播种 10 亩地"）。模型可以通过学到的推理链条，更好地去解决其他问题。在这个例子里面，我们看到在一般提示下，模型计算错误，而在思维链提示下，则给出了正确结果，还给出了推理的过程："小哥每天送 500 个包裹，工作 6 天能送 3000 个，现每天送 500+100=600 个，送完 3000 个需 5 天。"

　　　标准提示　　　　　　　　　　　　　思维链提示

标准提示

输入

问题：4 台播种机 4 天播种 160 亩地，照这样计算，5 台播种机 6 天播种多少亩地？
答案：5 台播种机 6 天播种 300 亩地。

问题：快递小哥每天能送 500 个包裹，现为提升效率，小哥决定每天加班多送 100 个包裹，请问之前小哥工作 6 天的包裹量现在多久可以送完？

输出

答案：小哥需要 6 天送完。 ☹

思维链提示

输入

问题：4 台播种机 4 天播种 160 亩地，照这样计算，5 台播种机 6 天播种多少亩地？
答案：4 台播种机 4 天播种 160 亩地，故一台播种机一天播种 10 亩地，5 台播种机 6 天播种 300 亩地。

问题：快递小哥每天能送 500 个包裹，现为提升效率，小哥决定每天加班多送 100 个包裹，请问之前小哥工作 6 天的包裹量现在多久可以送完？

输出

答案：小哥每天送 500 个包裹，工作 6 天能送 3000 个，现每天送 500+100=600 个，送完 3000 个需 5 天。 ☺

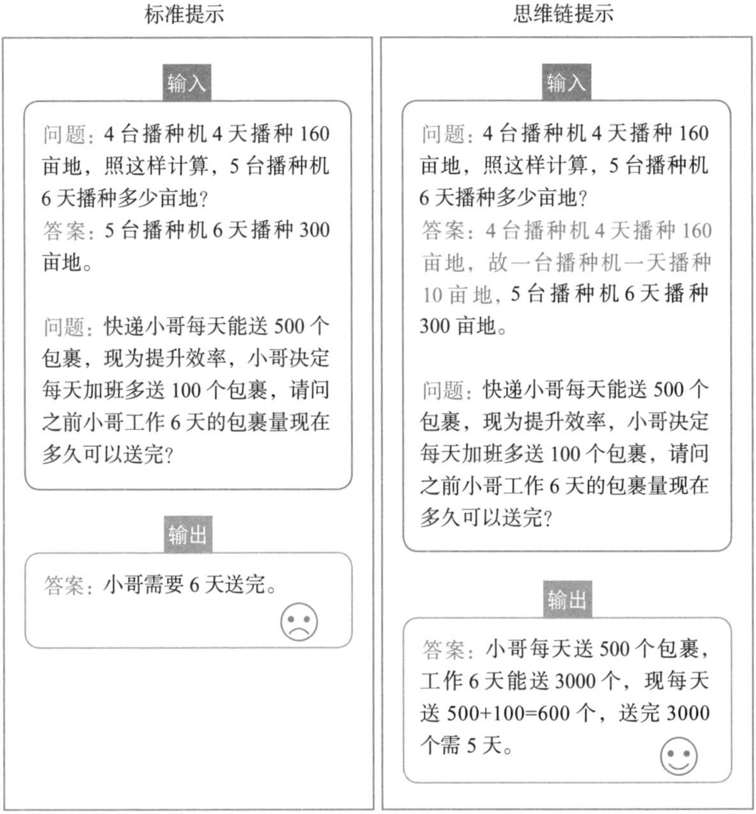

图 4-3　标准提示与思维链提示比较

　　（2）零样本思维链（zero-shot chain-of-thought）　相较于手动思维链，这种方法更为简单，只需要在输入问题的末尾附加上"让我们一步一步地思考（Let's think step by step）。"这几个词，就可以神奇地激发语言模型来自动生成一条思维链，如图 4-4 所示。

零样本思维链提示

输入

问题：一个机器人一分钟能打 100 个字，照这样计算，两个机器人两天一共能打多少字？
答案：让我们一步一步地思考。

输出

一个机器人一分钟能打 100 个字，那么 60 分钟就能打 60*100=6000 个字。一天有 24 小时，所以一天就能打 24*6000 = 144000 个字。两个机器人同时打，那么一天就能打 2*144000 = 288000 个字。两天就能打 2* 288000 = 576000 个字。所以，答案是两个机器人两天一共能打 576000 个字。

图 4-4　零样本思维链的例子

（3）多模态思维链（multimodal chain-of-thought）　在回答复杂的问题时，人类可以接受不同模态的信息，例如，同时处理语言，声音和图片，并理解其中的种种联系。随着对大模型的研究越来越多，思维链可以不再只局限于单一的语言模态，逐渐向多模态思维链发展。由 Zhang 等人于 2023 年提出的将文本和视觉相结合的多模态思维链中，模型分两阶段完成任务。首先模型接受了自然语言和文本的双重信息生成解决问题的逻辑（rationale generation），随后将其作为输入的一部分让模型给出答案。实验发现在多模态任务中，利用这样的一个两步思维链方法，能够让模型有效利用输入图像的信息，减少幻觉的出现。

4.3.2　自洽性

自洽性（self-consistency）是在思维链之上更进一步，它不只是生成一个思维链，而是生成多个思维链，然后以多数答案为最终答案。自洽性由 Wang 等人于 2022 年提出，利用了这样一个直观假设，即一个复杂的推理问题通常有多种不同的思考方式，但只有一

个正确的答案，而多次推理结果一致的更可能是正确答案。其基本
思路如图 4-5 所示。

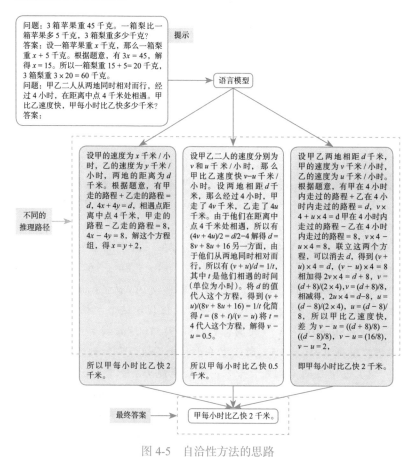

图 4-5　自洽性方法的思路

下面用自洽性来解决一个相遇问题："甲乙二人从两地同时相
对而行，经过 4 小时，在距离中点 4 千米处相遇。甲比乙速度快，
甲每小时比乙快多少千米？"

提示如下：

"问题：3 箱苹果重 45 千克。一箱梨比一箱苹果多 5 千克，3
箱梨重多少千克？

答案：设一箱苹果重 x 千克，那么一箱梨重 $x+5$ 千克。根据题意，有 $3x=45$，解得 $x=15$。所以一箱梨重 15 千克 + 5 千克 = 20 千克，3 箱梨重 3 × 20 千克 = 60 千克。

问题：甲乙二人从两地同时相对而行，经过 4 小时，在距离中点 4 千米处相遇。甲比乙速度快，甲每小时比乙快多少千米？

答案："

现在，我们将使用这一提示来生成多个不同的思路。

1）设甲的速度为 x 千米/时，乙的速度为 y 千米/时，两地的距离为 d 千米。根据题意，有甲走的路程 + 乙走的路程 = d，$4x+4y=d$，相遇点距离中点 4 千米，甲走的路程 − 乙走的路程 = 8，$4x-4y=8$，解这个方程组，得 $x=y+2$，所以甲每小时比乙快 2 千米。

2）设甲乙二人的速度分别为 v 和 u 千米/小时，那么甲比乙速度快 $v-u$ 千米/小时。设两地相距 d 千米，那么经过 4 小时，甲走了 $4v$ 千米，乙走了 $4u$ 千米。由于他们在距离中点 4 千米处相遇，所以有 $(4v+4u)/2=d/2-4$ 解得 $d=8v+8u+16$。另一方面，由于他们从两地同时相对而行，所以有 $(v+u)/d=1/t$，其中 t 是他们相遇的时间（单位为小时）。将 d 的值代入这个方程，得到 $(v+u)/(8v+8u+16)=1/t$ 化简得 $t=(8+t)/(v-u)$ 将 $t=4$ 代入这个方程，解得 $v-u=0.5$。所以甲每小时比乙快 0.5 千米。

3）设甲乙两地相距 d 千米，甲的速度为 v 千米/小时，乙的速度为 u 千米/小时。根据题意，有甲在 4 小时内走过的路程 + 乙在 4 小时内走过的路程 = d，$v×4+u×4=d$ 甲在 4 小时内走过的路程 − 乙在 4 小时内走过的路程 = 8，$v×4-u×4=8$，联立这两个方程，可以消去 d，得到 $(v+u)×4=d,(v-u)×4=8$ 相加得 $2v×4=d+8$，$v=(d+8)/(2×4)$，$v=(d+8)/8$，相减得，$2u×4=d-8$，$u=(d-8)/(2×4)$，$u=(d-8)/8$，所以甲比乙速度快，差为 $v-u=((d+8)/8)-((d-8)/8)$，$v-u=(16/8)$，$v-u=2$，即甲每小时比乙快 2 千米。

根据第一个思路得到答案：甲每小时比乙快 2 千米；根据第二个思路得到答案：甲每小时比乙快 0.5 千米；根据第三个思路得到答

案：甲每小时比乙快 2 千米。通过生成多条思路，并取最常出现的
答案（甲每小时比乙快 2 千米），用户可以得到更一致正确的答案。

4.3.3　由少到多

　　人在面对复杂问题时往往难以一步到位给出正确答案，我们观
察到语言模型也是这样。当用户给大型语言模型较难的输入时，它
直接给出正确答案的概率并不高。由少到多（least to more）提示法
就是面对无法一步到位解决复杂问题时采用的一种技巧，由 Denny
Zhou 等人提出。利用它的核心思想，我们首先让大模型将问题分
解为子问题，然后逐一解决每个子问题直到得出最终答案。图 4-6
展示了用该方法来进行分步提示的思路。

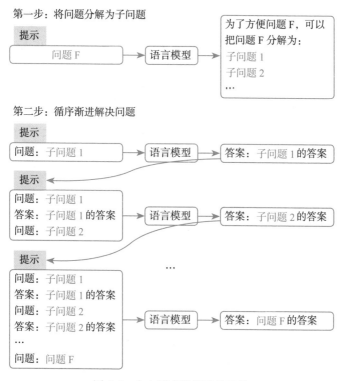

图 4-6　由少到多提示法的思路

下面用一个稍微复杂一点的相遇问题来解释这个方法。

问题：一列火车和一列慢车，同时分别从甲乙两地相对开出。快车每小时行75千米，慢车每小时行65千米，相遇时快车比慢车多行了40千米，甲乙两地相距多少千米？

在GPT-4上用常规的提示得到答案：甲乙两地相距640千米。答案有误。

尝试将它分解为子问题，得到以下可能的分解：

❏ 子问题1：快车和慢车相遇时，它们各自行了多少时间？
❏ 子问题2：快车和慢车相遇时，它们各自行了多少千米？
❏ 子问题3：甲乙两地的距离等于快车和慢车相遇时的总路程，总路程是多少？

首先将子问题1带入原始提示。

问题：一列火车和一列慢车，同时分别从甲乙两地相对开出。快车每小时行75千米，慢车每小时行65千米，相遇时快车比慢车多行了40千米，甲乙两地相距多少千米？

首先回答快车和慢车相遇时，它们各自行了多少时间？

得到答案：

根据题意，快车和慢车相遇时，它们的行驶距离之差为40千米，即：

$$75t - 65t = 40$$

其中，t为它们各自行驶的时间（单位为小时），解得：

$$t = 4$$

所以快车和慢车相遇时，它们各自行了4小时。

其次回答甲乙两地相距多少千米？

根据题意，甲乙两地相距的距离等于快车和慢车相遇时，它们的行驶距离之和，即：

$$75t + 65t = d$$

其中，d为甲乙两地相距的距离（单位为千米），代入已知的$t = 4$，得到：

$$d = 560$$

所以甲乙两地相距 560 千米。

答案正确。

仅仅通过解决第一个子问题，我们就能够解决整个问题。如果模型没有立即返回答案，还可以继续解决下一个子问题，直到它返回答案为止。

4.3.4 生成知识提示法

生成知识提示法（generated knowledge prompting）由 Liu 等人提出。我们在做决策时通常需要预先搜集一些相关资料，因为额外的知识总能帮助做出更好的决定。生成知识提示就是从这点出发，在生成最终回答之前，要求语言模型先生成与问题有关的背景信息，然后在回答问题时将知识作为额外的输入提供。这个方法非常有优势，因为它不依赖外接数据库来提供知识，也不要求针对任务作有监督的学习。这利用的是模型自身已经习得的知识。

例如，你想写一段有关新能源的小论文。在让模型写论文之前，可以让它生成一些关于新能源的优缺点。这将有助于模型写出更有信息量的论文。

输入提示：列出新能源的三个优缺点，用它们写一段关于新能源的小论文。

输出结果：

新能源，如太阳能、风能、生物质能等，是指利用可再生资源或低碳技术产生的电力或热力。新能源相对于传统的化石燃料或核能，有着一些明显的优缺点。

第一，新能源的最大优势是环保。新能源不会排放温室气体或有毒物质，不会造成空气污染或气候变化，也不会产生危险的核废料。新能源有助于保护自然环境和人类健康。

第二，新能源的另一个优势是可持续。新能源利用的资源是不断更新或循环的，如太阳光、风力、水力、潮汐力、地热力等。这些资源不会像化石燃料那样耗尽，也不受地域或政治的限制。新能源有助于提高能源安全和多元化。

第三，新能源的还有一个优势是创新。新能源涉及了许多先进和高科技的领域，如光伏、风机、电池、燃料电池等。这些领域需要不断地进行研发和改进，以提高效率和降低成本。新能源有助于推动科技进步和经济发展。

然而，新能源也存在一些缺点。

第一，新能源的最大缺点是成本高。虽然一些新型技术已经取得了突破性的进展，并且政府也给予了一定程度的补贴和支持，但是与化石燃料相比，仍然需要投入更多的资金和人力来建设和运行新型设施，并且面临更多的风险和挑战。

第二，新能源的另一个缺点是不稳定。由于许多可再生资源依赖于自然条件和季节变化，如日照、风速、降水等，因此它们在时间上和空间上都存在波动性和随机性。这就需要建立适当的储存系统或调节机制来平衡供需关系，并且与传统电网相协调。

第三，新能源商品一个缺点是影响环境。虽然从整体上看，新能源商品减少了温室气体排放，但在某些情况下，它们也可能对局部生态系统造成干扰或损害。例如，大规模建设水电站可能导致河流干涸、水位下降、生物多样性减少；大面积种植植物可能占用耕地，消耗水分，影响土壤肥力；大量安装太阳板或风车可能改变景观美观度，影响鸟类迁徙或其他动物活动。

综上所述，新能源商品既有利又有弊，在推广和使用中应该充分考虑其影响因素，并寻求合理平衡。同时应该加强对公众意识形态教育、服务区域、促进社会对新能源发展支持，只有这样才可以实现向低碳经济转型之路。

也可以使用双重提示分成两个阶段生成答案，先列出新能源的三个优缺点，再根据生成的优缺点，用它们写一段关于新能源的小论文。

阶段 1 输入提示：列出新能源的三个优缺点。

阶段 1 输出结果：

新能源的优点：

❑ 新能源可以减少对传统化石能源的依赖，降低能源进口和供应的风险，提高能源安全性；

☐ 新能源可以减少温室气体和污染物的排放，改善环境质量，缓解全球变暖和气候变化的压力；

☐ 新能源可以创造新的就业机会和产业链，促进科技创新和经济发展，提高社会福祉。

新能源的缺点：

☐ 新能源的成本相对较高，需要大量的政策支持和投资扶持，可能影响市场竞争力和效率；

☐ 新能源的稳定性和可靠性相对较低，受自然条件和季节变化的影响较大，需要配合储能设备和电网调度来保证供需平衡；

☐ 新能源的开发利用可能存在一些技术障碍和社会阻力，如资源评估、并网接入、空间规划、环境影响、公众意识等。

阶段2输入提示：

新能源的优点：

☐ 新能源可以减少对传统化石能源的依赖，降低能源进口和供应的风险，提高能源安全性；

☐ 新能源可以减少温室气体和污染物的排放，改善环境质量，缓解全球变暖和气候变化的压力；

☐ 新能源可以创造新的就业机会和产业链，促进科技创新和经济发展，提高社会福祉。

新能源的缺点：

☐ 新能源的成本相对较高，需要大量的政策支持和投资扶持，可能影响市场竞争力和效率；

☐ 新能源的稳定性和可靠性相对较低，受自然条件和季节变化的影响较大，需要配合储能设备和电网调度来保证供需平衡；

☐ 新能源的开发利用可能存在一些技术障碍和社会阻力，如资源评估、并网接入、空间规划、环境影响、公众意识等。

用上述优缺点写一段关于新能源的小论文。

阶段2输出结果：

新能源是指利用可再生资源或创新技术产生的能源，如太阳能、风能、生物质能、地热能、核聚变能等。新能源具有多方面的优点，可以提高我国的能源安全性、改善环境质量、促进经济社会发展。因此，发展新能源是我国应对能源危机和气候变化的重要战略。然而，新能源也面临着一些缺点和挑战，需要克服成本高、稳定性差、技术不成熟、社会不认可等问题。为了推动新能源的健康发展，需要加强政策引导和资金支持，建立合理的价格机制和市场体系，增加研发投入和人才培养，完善储能和电网设施，加强环境评估和空间规划，提高公众意识和参与度。总之，新能源是我国未来可持续发展的重要方向之一，具有巨大的潜力和价值。我们应该充分利用自身优势，抓住机遇，积极应对挑战，推进新能源产业的转型升级。

4.3.5　自动提示生成

前文提到大语言模型自身可以作为提示工程的有效工具。最简单的方式是直接让模型生成一些候选的提示指令，然后人为选取。因为，我们有时对指令的表述方式并不是最高效的，采用模型自己生成的指令结果可能更胜一筹。但是对于模型生成的候选指令，我们仍然需要逐一评估。同时，在利用评估的结果来改进指令这一步，仍然是依赖人工评测和试错。

对此，Zhou 等人提出了一种使用大语言模型来自动生成和选择指令的算法框架，并命名为"自动提示工程师（automatic prompt engineer）"。在生成候选指令的阶段，该方法通过给语言模型展示若干个目标任务的输入和预期输出来帮助语言模型准确理解任务。在评估阶段，对候选指令在小数据集上进行测试并评估该指令的表现，获得各自的得分。此后，选取其中得分较高的指令，来利用大语言模型生成更多类似的高质量的指令，充实到候选指令集中，进行后续迭代。可以看到，该框架的基本思想是通过模拟人类提示工程师工作中的指令撰写、效果评估和后续改进的过程，以达到自动化生产高质量提示的目的。在实际使用中，这一方法的实施十分耗费资源，大家可以酌情选用。也可以考虑与人工调试相结合的方式来减小搜索空间，采用其算法思想来优化部分提示迭代过程等。

4.3.6 其他进阶方法简介

1. 提示集成

提示集成（prompt ensembling）是指使用多个不同的提示来尝试回答同一个问题，目的是为了增强结果的可靠性。提示集成跟所有的集成方法一样，包括两个明确的过程，一是需要产生多个提示来解决问题，二是通过特定的策略将多个提示的答案结合起来确定最终结果。下面将分别针对这两个过程简要介绍一些当下流行的方法，供感兴趣的读者开阔思路。

首先，与前文自洽性在同一个提示的多条推理路径中采样不同，提示集成需要准备多个不同的提示输入。这么做是因为不同的提示可能包含不同方面的信息，具有不同的侧重点。每条提示不一定是完美的，也不一定是最适合当下问题的，但却可以互相查漏补缺。这可以避免用户面对任务时绞尽脑汁去构造和挑选最完美的那一个提示，从而大大节省在提示工程上耗费的时间。

现存非常多的方法来生成多个不同的提示。一般来说，最直接有效的就是对提示中的指令或问题进行多样化改写，生成多个新的提示。在如何构造提示问题上，Arora 等人提出的 AMA（ask me anything prompting）集成法中的一些思考非常具有借鉴意义。简单来说，用户在构造提示问题时一般有两个大方向，一种是构造开放式的问题，例如"今天中午吃什么？""宇宙有多大？"；另一种是限制式问题，例如选择题"今天中午吃汉堡吗？回答是或者非"，问题的答案是限定的。Arora 等人发现开放式提示的性能要优于限制式的提示。借鉴这一点，用户在构造提示时可以尝试将一个问题转换成不同的提问方式来强调不同方面的信息，并增加开放式提示的构造，增强推理的可靠性。

此外，如果提示带有样本示例，样本对推理路径的生成会有较大影响。对于一个特定的问题，为避免固定的样本局限住推理路径的生成，在单样本或者少样本提示中，可以通过替换不同样本示例来生成多个不同的提示。当然，除了这些人为构造不同提示的方法，还可以直接借助模型来改写原始提示。

当生成多个提示后，用户接下来思考如何将多个提示的结果组合成最终结果。一个简单的策略是采用多数投票，即多个提示生成的结果中出现最多的就是最终结果。在前文提到的自洽性方法中，Wang 等人就是采用了多数投票制。这个方法在很多任务上都有不错的成绩，但它也有局限。因为它给所有候选结果的权重都是一样的，但这并不完全符合实际。并且有时候占大多数的结果并不一定正确，有时真理掌握在少数人手中，所以简单的多数投票可能会失效。在 Li 等人提出的 DiVeRSe（diverse verifier on reasoning steps）提示集成方法中，他们就使用了一个训练得到的验证投票器来评估输出的每条推理路径的正确性。正确性是一个概率，在集成中也用来表示该输出路径的权重，将指向相同答案的各条路径的概率相加，最终选择概率和最高的那个答案作为最终结果，以此来增强推理的可靠性。其他可借鉴的集成方式还包括 Arora 等人提出的 AMA 集成法，他们根据同一个问题下不同提示之间的相似度赋予这些输出不同的权重，如果一个问题有很多非常相近的提示和输出，那在集成的时候会降低相似提示的权重，来避免过于相似的提示占比过高导致最终结果偏移。另外，针对不同的提示的质量有时参差不齐的问题，Schick 等人提出根据提示在训练集上的预估准确率给各提示分配权重来加大优质提示对结果的效用，类似的方法也出现在 Jiang 等人的实验中。这些例子都属于广义上的加权方法，一定程度上解决了多数投票的弊端，可以供人们参考。

总体来说，提示集成可以增强结果的可靠性，在处理复杂的提示任务上有超于寻常的表现。它可以将之前提到的所有提示构造方法和集成学习模型结合，在当下具有广泛的应用。

2. 提示调优

在 GPT-3 为代表的大语言模型出现之前，使用预训练语言模型的更广泛方式为微调（fine-tuning），即指面向下游具体任务时对预训练模型的参数进行再优化的过程。大量研究和实践表明，微调可以使模型对于特定的任务有更好的表现。然而，随着预训练语言模型参数量越来越大，调优的成本也越来越高。如果对每个不同的下

游任务都进行微调，那么将非常耗时耗力。人工设计的提示虽然一
般不需要再度训练模型的权重，但是模型的表现往往难以达到微调
的效果。为解决这个问题，Lester 等人在 2021 年提出了提示调优方
法（prompt tuning）。图 4-7 展示了提示调优方法与一般模型微调的
区别。主要的不同是该方法冻结整个预训练模型，而只允许每个下
游任务在正式的输入文本之前添加 k 个可调节的词（token）。由于
这些 token 实际是可训练的嵌入向量（embedding vector）因此它们
组成的提示被称为"软提示"，以区别于按照自然语言中固有的词
构成的提示。这个"软提示"中的权重用反向传播的方式训练而得。
由于所有下游任务都复用同一个预训练模型，此方法相比微调能够
在大幅减小任务参数的同时接近甚至达到后者的表现，且显著优于
人工设计的提示。

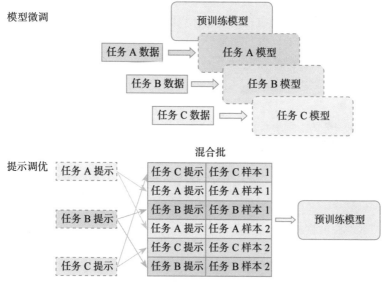

图 4-7　提示调优方法与一般模型微调的对比（虚线框的模块为参
　　　　数需要训练的部分），模型微调需要对每个任务复制一份
　　　　模型然后各自进行参数训练，而提示调优仅需要训练每个
　　　　任务的提示

3. 主动提示

随着大语言模型的规模不断增大，人们越来越多地利用它来处理复杂的任务。如前所述，通过在提示中给出思维链推理的示例，可以显著提高模型在复杂推理任务上的性能。为构造合适的示例，一般需要人为选择一些特定的问题，然后给出标注（包括解决此问题的思维链和问题的最终答案）。而不同的推理任务在难度、范畴和涵盖领域等方面存在显著差异，刚开始构造示例的提示工程师通常并不事先知晓选取哪些问题来标注，即使可以根据主观猜测或经验构造了一些示例，往往也存在可以继续优化的空间。为了解决这个问题，Diao 等人提出了"主动提示（active-prompt）"方法。该方法借鉴了主动学习的思想，通过衡量大语言模型在各问题上的不确定度，来合理地选择最有帮助和最具信息量的问题进行标注，以减少人工标注的工作量，最后将这些问题作为提示中的示例，以提高模型在推理任务中的表现。其总体思路如图 4-8 所示。

图 4-8　主动提示的思路

ChatGPT 中的提示工程

大语言模型（LLM）的基础知识以及提示工程（prompt engineering）的一些应用和技巧在前面章节已经做了讲解。

作为引爆这一波大语言模型技术和应用浪潮的关键角色，ChatGPT 是最受关注的一款产品，首先是其背后的一系列 GPT 模型的能力，其次是基于模型构建出来的支持流畅对话问答的交互体验，都令人印象深刻。基于 ChatGPT，可以进行对话、问答，也可以做更高级的任务，如文本概括、数学推理、代码生成等。近期 OpenAI 基于 ChatGPT 推出更多衍生能力，包括函数调用、插件等，这些极大地扩展了模型的能力，也建构起围绕 ChatGPT 的生态系统。

本章着重讲述 ChatGPT 的能力，以及基于 ChatGPT 的提示工程和相关应用场景，包括文本分析、内容生成、编程等应用，也会对函数调用、插件（plugin）等做相应介绍。

5.1 ChatGPT 的基本模型设置

通过提示词使用 ChatGPT 的时候，一般有两种方式，一种是通过 ChatGPT UI 直接进行交互，一种是通过程序调用 ChatGPT 的 API 与模型进行交互。通过 API 调用模型的时候，ChatGPT 提供了一些不同的模型参数，通过这些模型参数的设置，可以获得不同的提示结果。两个最基本的参数如下。

（1）temperature　简单来说，temperature 的参数值越小，模型会返回越确定的一个结果。如果调高该参数值，大语言模型可能会返回更随机的结果，也就是说这可能会带来更多样化或更具创造性的产出。在实际应用方面，对于质量保障等任务，可以设置更低的 temperature 值，以促使模型基于事实返回更真实和简洁的结果。 对于诗歌生成或其他创造性任务，可以适当调高 temperature 参数值。

（2）top_p　同样，使用 top_p（与 temperature 一起称为核采样的技术），可以用来控制模型返回结果的真实性。如果需要准确和真实的答案，就把参数值调低。如果想要更多样化的答案，就把参数值调高一些。

一般建议是改变其中一个参数就行，不用两个都调整。除以上两个参数外，ChatGPT 还有其他不少参数也可以设置，例如以下两个重要参数。

（1）presence_penalty　介于 −2.0 和 2.0 之间的数字。正值越大，表示已经出现过的字符再次出现的概率会降低。

（2）frequency_penalty　介于 −2.0 和 2.0 之间的数字。正值越大，表示出现过的频率比较高的字符再次出现的概率会降低。

在某些任务中通过合理设置以上模型参数，可以起到更好的效果。

5.2 提示词的基础知识回顾

本节对提示词的基础知识做一个简单回顾，ChatGPT 一般可以通过简单的提示词获得大量结果，但结果的质量与提供的信息数量和完善度有关。一个提示词可以包含传递到模型的指令或问题等信息，也可以包含其他详细信息，如上下文、输入或示例等。可以通过这些元素来更好地指导模型，并因此获得更好的结果。这也是本书围绕提示工程所探讨的重点，如何设计出最佳提示词，用于指导语言模型帮助用户高效完成某项任务。

5.2.1　提示词格式

标准提示词应该遵循以下格式：

<问题>或者<指令>

这种可以被格式化为标准的问答格式，如：

Q：中国的首都是哪里？

A：北京

以上的提示方式，也称为零样本提示，即用户不提供任务结果相关的示范，直接提示语言模型给出任务相关的回答。对于一些简单的任务，通过这种方式，ChatGPT直接能返回不错的结果。

相应的还有少样本提示范式，即用户提供少量的提示范例，如任务说明等。少样本提示一般遵循以下格式：

<问题><答案>

……

<问题><答案>

<问题>？

可以根据任务需求调整提示范式，例如可以按以下示例执行一个简单的分类任务，并对任务做简单说明。

提示词：

这个真不错！// 褒义

这个很坏！// 贬义

这部电影真精彩！// 褒义

这场演出真差！//

输出结果：

贬义

语言模型可以基于一些说明来了解和学习某些任务，而少样本提示正好可以赋能其上下文学习的能力。

5.2.2 提示词要素

前面章节已经讲过不少提示工程相关的技巧，这里简单总结一下基本要素，包括以下几种。

（1）指令　想要模型执行的特定任务或指令。

（2）上下文　包含外部信息或额外的上下文信息，引导语言模型更好地响应。

（3）输入数据　用户输入的内容或问题。

（4）输出指示　指定输出的类型或格式。

提示词所需的格式取决于需要完成的任务类型，并非所有以上要素都是必需的，在后面的具体示例中会讲到。

5.2.3 设计提示的通用技巧

1. 从简单开始

提示的设计通常是一个迭代的过程，需要大量的实验来获得最佳结果。ChatGPT 这样的 UI 平台提供了一个很好的实验起点。

可以从简单的提示开始，不断添加更多的元素和上下文，来优化得到更好的结果。在此过程中，需要对提示进行版本控制。一般来说有几点需要注意，包括具体性、简洁性和简明性等。

对于涉及许多不同子任务的大任务，可以尝试将任务分解为更简单的子任务，避免在提示设计过程中一开始就添加复杂的内容。

2. 指令

通常可以使用命令来指示模型执行各种简单任务，例如"写入""分类""总结""翻译""排序"等，从而为各种简单任务设计有效的提示。

在实验过程中，可以尝试使用不同的关键字、上下文和数据，尝试不同的指令，以适合特定用例和任务。通常情况下，上下文与要执行的任务越具体和相关，效果越好。

很多文献和实验指出，指令放在提示的开头或者最后会比较有效。建议使用一些清晰的分隔符，如"###"，来分隔指令和上下文。

3. 具体性

对希望模型执行的指令和任务要非常具体。提示越具体和详细，结果就越好。在提示中使用示例会非常有效，可以以特定格式获得所需的输出。

例如，从一段文本中提取特定信息的简单提示。

提示词：

提取以下文本中的机构名。

所需格式：

机构：<逗号分隔的机构名称列表>

输入：虽然这些发展对研究人员来说是令人鼓舞的，但仍有许多谜团。里斯本未知的香帕利莫德中心的神经免疫学家 Henrique Veiga-Fernandes 说："我们经常在大脑和我们在周围看到的效果之间有一个黑匣子。""如果我们想在治疗背景下使用它，我们实际上需要了解机制。"

输出结果：

机构：里斯本未知的香帕利莫德中心

4. 精确性

提示通常要具体和直接，例如，想了解提示工程的概念，可以这样写：解释提示工程的概念，保持解释简短，只有几句话，不要过于描述。

上面的提示中不清楚要使用多少句话和什么样的风格。虽然可以通过上面的提示获得良好的响应，但更好的提示是非常具体、简洁和直接的。例如：使用2～3句话向高中学生解释提示工程的概念。

5. 做还是不做？

设计提示时的另一个常见技巧是避免说不要做什么，而是说要做什么。这鼓励更具体化，并关注导致模型产生良好响应的细节。

以下是一个电影推荐聊天机器人的示例。

提示词：

以下是向客户推荐电影的代理程序。不要询问兴趣。不要询问个人信息。

客户：请根据我的兴趣推荐电影。

代理：

输出结果：

当然，我可以根据您的兴趣推荐电影。您想看什么类型的电影？您喜欢动作片、喜剧片、爱情片还是其他类型的电影？

以下是更好的提示。

提示词：

以下是向客户推荐电影的代理程序。代理负责从全球热门电影中推荐电影。它应该避免询问用户的偏好并避免询问个人信息。如果代理没有电影推荐，它应该回答"抱歉，今天找不到电影推荐。"。

客户：请根据我的兴趣推荐一部电影。

代理：

输出结果：

抱歉，我没有关于您兴趣的任何信息。不过，这是目前全球热门的电影列表：[电影列表]。希望您能找到喜欢的电影！

5.3 文本任务

5.3.1 文本概括

自然语言生成的标准任务之一是文本概括。文本概括可能涉及不同的风格和领域。事实上，语言模型最有前景的应用场景之一就是能够快速概括出易于理解的文章大意和相关概念。下面使用提示词尝试一个简单的概括任务。

假设想了解抗生素的相关信息，首先可以给出这样的提示：

解释抗生素

A：

输出结果为：

抗生素是一类能够抑制或杀灭细菌的药物，通常用于治疗或预防细菌感染的疾病。抗生素可以由生物（如细菌、真菌或放线菌）产生，也可以人工合成或改造。

抗生素的作用机制不尽相同，但大致可以分为以下几类。

❑ 抑制细胞壁合成：例如青霉素、头孢菌素、万古霉素等，能够干扰细胞壁的重要组成部分肽聚糖的形成，导致细胞壁薄弱、易破裂或透水。

❑ 抑制蛋白质合成：例如四环素、氨基糖苷类、大环内酯类等，能够干扰细菌的核糖体功能，从而阻止蛋白质的转录或翻译。

❑ 抑制核酸合成：例如喹诺酮类、甲硝唑等，能够干扰细菌的DNA复制、修复或转录，从而影响基因表达和遗传稳定性。

❑ 抑制代谢途径：例如磺胺类、甲氧苄啶等，能够干扰细菌的叶酸合成或利用，从而影响核酸和氨基酸的合成。

抗生素的使用需要根据感染的类型、部位、程度和耐药性来选择和剂量。

在问答形式中，"A:"是一种明确的提示格式。

因为模型返回的信息比较多，如果想要进一步提炼它，可以通过提示词去指导模型用一句话总结相关内容。

提示词：

用一句话解释上面的信息。

输出结果：

抗生素是一类能够杀或控制细菌的药物，它们通过破坏细菌的细胞壁、蛋白质、核酸或代谢来发挥作用，但要根据具体情况合理使用。

本示例是模型在没有过多关注上文输出内容准确性的情况下，尝试用一个句子来总结段落内容。

5.3.2 信息提取

ChatGPT不仅可以用于执行文本总结这样的自然语言生成任务，还可以用于执行信息提取、文本分类等其他自然语言处理（NLP）任务。

以下例子使用示例提示词从指定段落中提取信息。

提示词：

在研究论文中，作者贡献声明和致谢部分应该清楚明确地说明作者在撰写手稿和分析时是否以及在多大程度上使用了 AI 技术，例如 ChatGPT，并指出使用了哪些大语言模型。这样可以提醒编辑和审稿人更仔细地检查手稿是否存在潜在的偏见、不准确或不恰当的引用。同样，科学期刊也应该在选择提交的论文时公开他们使用大语言模型的情况。

指出上文中提到的 AI 技术。

输出结果：

根据题目的要求，上文中提到的 AI 技术是：

❑ 使用 ChatGPT 来撰写手稿和分析的方法；

❑ 使用大语言模型来选择提交的论文的做法。

我们也可以通过许多方式改进以上结果，在此基础上进一步利用这种能力来构建更强大的产品和体验。

5.3.3　文本分类

对于文本分类任务，除了指令，还需要思考如何在提示词中包含相关语境和其他要素，如输入数据和示例。

提示词：

将文本按中立、负面或正面进行情感倾向分类。

文本：我们这次玩得还行，吃得还可以。

情感倾向：

输出结果：

中立

本例给出了对文本进行分类的指令，模型做出了正确响应，判断文本类型为"中立"。如果有一些文本分类任务的分类目标要特殊一些，除了规范输出内容的范围，用户可以考虑采用前文提到的少样本提示（Few-shot Prompting）方法。

5.3.4 问答

问答是 ChatGPT 特别常见的使用场景，有些问题可以直接通过模型回答，有些需要给出上下文或相应的提示词才能得到答案。如前所述，提示词可以通过指令、上下文、输入和输出指示以改进响应结果。虽然这些要素不是必需的，但如果指示越明确，响应的结果就会越好。以下问答示例可以说明结构化提示词的重要性。

提示词：

基于以下语境回答问题。如果不知道答案的话，请回答"不确定答案"。

语境：Teplizumab 的起源可以追溯到新泽西州的一家名为 Ortho Pharmaceutical 的药企。在那里，科学家制造了这种抗体的早期版本，称为 OKT3。该分子最初来自老鼠，能够与 T 细胞表面结合，抑制它们的杀伤能力。1986 年，它被批准用于帮助预防肾脏移植后的器官排斥，成为第一个被允许用于人类的治疗性抗体。

问题：OKT3 最早起源于哪里？

答案：OKT3 最早起源于老鼠。

5.3.5 对话

ChatGPT 已经支持了基本的对话能力，通过提示工程可以进行更有趣的工作，例如，指导模型和系统该如何表现，指定它的行为意图和身份。在构建客服聊天机器人之类的对话系统时，这项功能尤其有用。

例如，可以通过以下示例创建一个对话系统，该系统能够基于问题给出技术性和科学的回答。这种应用场景有时也称为角色提示（Role Prompting）。

提示词：

以下是与人工智能助理的对话，语气应该专业、技术性强。

人：你好，你是谁？

AI：我是一个人工智能助理，你可以叫我 AI。我可以帮你完成一些任务，你想让我做什么？

人：你能告诉我黑洞是怎么形成的吗？

AI：

输出结果：

当然可以。黑洞是一种天体，它的质量非常大，以至于它的引力超过了光速，所以光也无法从中逃脱。黑洞通常是由恒星坍缩或合并产生的，比如在恒星耗尽了核燃料后爆发成为超新星，或者两个中子星或黑洞相撞。黑洞的边界叫做视界面，它是一个没有返回的点。黑洞的内部结构仍然是一个未解之谜。

下面，我们让它给出更易于理解的答案。

提示词：

以下是与人工智能助理的对话。请给出易于理解的答案，最好是小学生都能看懂的那种。

人：你好，你是谁？

AI：我是一个人工智能助理，你可以叫我 AI。我可以帮你完成一些任务，你想让我做什么？

人：你能告诉我黑洞是怎么形成的吗？

AI：

输出结果：

你问的问题很有趣。黑洞是一种特殊的天体，它的引力非常非常大，它可以吸住任何东西，包括光线。黑洞是怎么形成的呢？有时候，星星会变得很老很大，它们会爆炸成为超新星。超新星会把一部分物质向外扔掉，剩下的物质则会坍缩到一个很小很小的点上，这个点就是黑洞。黑洞因为太小太密集了，所以引力就变得特别强。你能想象吗？

5.4 编程

得益于大语言模型在训练数据中的代码数据，以及模型自己的自然理解和生成能力，大语言模型在代码生成、调试、优化、注释等方面表现出很大的潜力，例如 GitHub Copilot 就是一个很好的产品案例。基于 ChatGPT，用户可以通过一些有效的提示词执行编程相关任务。

5.4.1　代码生成

下面是最简单的例子，写个简单的用户欢迎程序。

提示词：

```
/*
询问用户的姓名并说"Hello"
*/
```

输出结果：

```
let name = prompt("What is your name?");
console.log(Hello, ${name}!);
```

下面例子提供有关数据库架构，要求 ChatGPT 生成有效的 MySQL 查询。

提示词：

```
"""
Table departments, columns = [DepartmentId, DepartmentName]
Table students, columns = [DepartmentId, StudentId, StudentName]
Create a MySQL query for all students in the Computer Science Department
"""
```

输出结果：

```
SELECT StudentId, StudentName
FROM students
WHERE DepartmentId IN (SELECT DepartmentId FROM departments WHERE DepartmentName = 'Computer Science');
```

ChatGPT 可以根据使用需求生成特定的代码片段来帮助编程。例如，可以告诉它用哪种编程语言，以及要实现什么特定的算法或函数。给 ChatGPT 的提示应该尽量是具体的、清晰的，因为大模型对明确的指令效果最好。例如，可以使用这样的提示：写一个Python 函数，将三个整数列表连接起来，并按降序排序。

提示词：

Write a Python function that concatenates three lists of integers and sort in descending order.

输出结果：

```
def sort_lists(list1, list2, list3):
  new_list = list1+list2+list3
    sorted_list = sorted(new_list, reverse=True)
return sorted_list
print(sort_lists([5, 6, 7], [10, 2, 8], [1, 4]))
# Output: [10, 8, 7, 6, 5, 4, 2]
```

5.4.2 代码调试

除了生成代码，ChatGPT 还可以帮助进行代码调试。如果代码出现了问题，可以把有问题的代码和问题的描述提供给 ChatGPT，它能够尝试识别和修复问题。例如：

提示词：

```
public class Test {
  private static void printLength(String str) {
      System.out.println(str.length());
   }
  public static void main(String []args){
    String myString = null;
    printLength(myString);
   }
}
```

The above code results in a 'NullPointerException' at runtime, could you correct the bug?

输出结果：

One possible way to correct the bug is to add a null check for the str parameter before calling the length() method on it. For example:

```
private static void printLength(String str) {
    if (str != null) { // check for null
        System.out.println(str.length());
    } else {
        System.out.println("Cannot print length of a null string");
    }
}
```

Alternatively, we could use a ternary operator to print a default value if str is null, such as:

```
private static void printLength(String str) {
    System.out.println(str != null ? str.length() : 0); // print 0 if str is null
}
```

这段输出结果不仅给出了代码问题，还给出了修改建议。

5.4.3　单元测试

ChatGPT 还可以作为软件测试过程中的一个有价值的工具。由于它能够理解和生成代码，适合帮助开发者编写测试用例和单元测试，既节省时间，也能保证软件的稳健性和可靠性。

编写单元测试可以非常简单，只需要提供测试的描述。根据描述，ChatGPT 会利用它的训练数据和编码规范的知识，生成一个合适的单元测试。

例如，有一个已知长方形长宽，计算周长的 Python 方法，想生成一个对应的单元测试例子，只需要给出如下提示。

提示词：

Write a unit test for a Python function called calculate_perimeter that takes two parameters, width and height. The test should verify that the function correctly calculates the perimeter of a rectangle.

输出结果：

```
# One possible unit test for the calculate_perimeter function is:
import unittest
def calculate_perimeter(width, height):
    return 2 * (width + height)
class TestCalculatePerimeter(unittest.TestCase):
    def test_calculate_perimeter(self):
        self.assertEqual(calculate_perimeter(3, 4), 14)
        self.assertEqual(calculate_perimeter(5, 10), 30)
        self.assertEqual(calculate_perimeter(0, 7), 14)
        self.assertEqual(calculate_perimeter(8, 0), 16)

if __name__ == '__main__':
    unittest.main()
```

5.5 插件

ChatGPT 的插件 (plugin) 功能是 OpenAI 于 2023 年 3 月份发布的，通过插件，ChatGPT 可以直接连通到第三方应用程序，调用外部 API，极大拓展了 ChatGPT 的能力，如访问最新的信息、运行计算、使用各种第三方服务、执行各类广泛场景的任务等，一些典型的例子如下。

1）检索实时信息：例如，实时体育比分、股票价格、最新新闻等。

2）检索知识库信息：例如，公司文件、个人笔记等。

3）协助用户进行预订航班、订购外卖等操作。

5.5.1 ChatGPT 插件功能使用

ChatGPT Plus 用户可以将插件功能打开，进入插件商店，安装所需的插件。下面通过一些示例，来理解插件的执行过程，如图 5-1 所示，包括预定餐厅、数值计算和购物。

提示词：

本周末打算在华盛顿吃素食，给我推荐一个周六去的餐厅，还有提供一个周日的简单食谱（只需要食材）。请使用 WolframAlpha 计算食谱的卡路里，最后在 Instacart 上订购食材。输出中文。

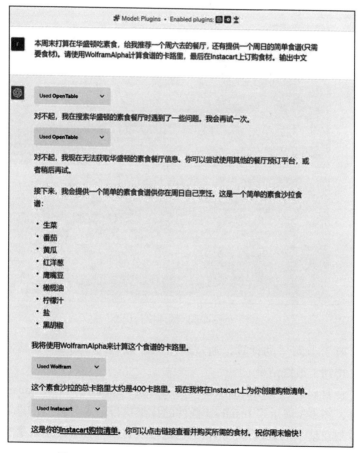

图 5-1　ChatGPT 提示词执行过程中插件调用示例

在以上示例执行过程中，一共调用了三个插件：调用 OpenTable

搜索餐厅；调用第三方应用 Wolfram 进行数值计算；通过请求 Instacart 应用进行食材订购。

ChatGPT 已经理解搜索餐厅的意图，去调用 OpenTable 插件，但请求接口失败。图 5-2 所示为 OpenTable 插件请求执行的详细信息，从详细信息中的报错来看，其实是网络问题，请求参数并没有问题，"素食餐厅""华盛顿""05/20"等关键信息都正确。

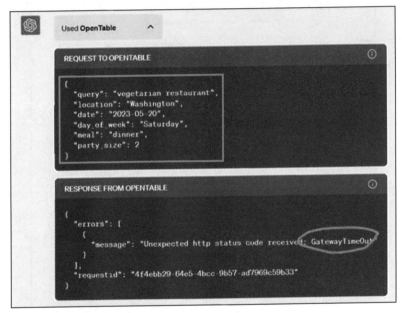

图 5-2　OpenTable 插件执行详细信息

对于卡路里的计算，通过调用第三方应用 Wolfram，精准计算，得到了最终结果。

食材订购是请求 Instacart 应用，最终返回了一个 Instacart 的网址，图 5-3 展示了 Instacart 插件的详细执行请求和返回信息，可以看到在请求信息中，食谱信息已经准确提供，其返回结果是一个 Instacart 的网页链接。

图 5-4 所示为该网页链接打开后的实际页面，可以看到它确实是 Instacart 的一个页面，但需要用户信息登录，如果提供了用户信

息，应该可以完成添加购物车和下单。

图 5-3　Instacart 插件执行详细信息

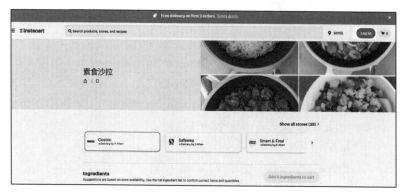

图 5-4　ChatGPT 返回的 Instacart 的页面信息

5.5.2　ChatGPT 插件功能开发

OpenAI 在其官网介绍了开发插件的过程，包括 3 个步骤：

1）构建一个 API；

2）用 OpenAPI 的 Yaml 或 JSON 定义的格式对 API 进行文档化；

3）创建一个 JSON 清单文件（manifest），用于定义插件的相关元数据。

以下是一个 OpenAI 介绍的例子，通过定义 OpenAPI 规范和清单文件来创建一个待办事项列表（Todo List）插件。

1. 插件清单

每个插件都需要一个名为 ai-plugin.json 的文件，并且该文件需要托管在 API 的域名下。例如，一个名为 example.com 的公司会将插件的 JSON 文件通过 https://example.com 域名进行访问，因为这是他们 API 托管的位置。当通过 ChatGPT UI 安装插件时，后台会在 /.well-known/ai-plugin.json 位置查找文件。在域名上，必须有一个名为 /.well-known 的文件夹，以便 ChatGPT 能够连接到插件。如果找不到文件，插件将无法安装。

所需的 ai-plugin.json 文件的最小定义如下所示。

```
{
  "schema_version": "v1",
  "name_for_human": "TODO Plugin",
  "name_for_model": "todo",
  "description_for_human": "Plugin for managing a TODO list. You can add, remove and view your TODOs.",
  "description_for_model": "Plugin for managing a TODO list. You can add, remove and view your TODOs.",
  "auth": {
    "type": "none"
  },
  "api": {
    "type": "openapi",
    "url": "http://localhost:3333/openapi.yaml",
    "is_user_authenticated": false
```

```
    },
    "logo_url": "http://localhost:3333/logo.png",
    "contact_email": "support@example.com",
    "legal_info_url": "http://www.example.com/legal"
}
```

OpenAI 的官方指南中的还定义了更多其他选项，感兴趣的读者可以进一步参考。在命名插件时，也必须符合要求，否则无法获得插件商店的批准。一般而言，尽可能地简洁描述，因为模型的上下文窗口是有限的。

2. OpenAPI 定义

下一步是通过构建 OpenAPI 规范（specification）来记录 API。ChatGPT 模型除了在 OpenAPI 规范和清单文件中定义的内容之外，对于 API 几乎一无所知。OpenAPI 规范是位于 API 之上的封装器。图 5-5 展示了一个基本的 OpenAPI 定义（definition）规范。

OpenAI 首先定义规范版本、标题、描述和版本号。当在 ChatGPT 中运行查询时，它将查看在 info 部分中定义的描述，以确定插件是否与用户查询相关。

3. 运行插件

当创建了 API、清单文件和 OpenAPI 规范之后，就可以通过 ChatGPT UI 连接插件。插件可以在开发环境的本地运行，也可以运行在远程服务器上。

4. 编写描述

当用户提出可能会发送到插件的潜在请求时，模型会浏览 OpenAPI 规范中各个端点的描述，以及清单文件中的模型描述。这里面也涉及提示词的技巧，需要测试多个提示和描述，以找出最有效的方法。

OpenAPI 规范可以向模型提供关于 API 的各种详细信息，如哪些功能可用、带有什么参数等。除了为每个字段使用富有表现力和信息丰富的名称之外，每个属性还有"描述"字段。这些描述可以用于提供函数的自然语言描述，或者查询字段的信息。模型能够看到这些描述，并指导其使用 API。如果某个字段仅限于特定值，还可以提供一个带有描述性类别名称的"枚举"。

```
1   openapi: 3.0.1                                                          ⟐
2   info:
3     title: TODO Plugin
4     description: A plugin that allows the user to create and manage a TODO list u
5     version: 'v1'
6   servers:
7   - url: http://localhost:3333
8   paths:
9     /todos:
10      get:
11        operationId: getTodos
12        summary: Get the list of todos
13        responses:
14          "200":
15            description: OK
16            content:
17              application/json:
18                schema:
19                  $ref: '#/components/schemas/getTodosResponse'
20  components:
21    schemas:
22      getTodosResponse:
23        type: object
24        properties:
25          todos:
26            type: array
27            items:
28              type: string
29              description: The list of todos.
```

图 5-5　OpenAPI 规范示例

总的来说，ChatGPT 背后的语言模型非常擅长理解自然语言并遵循指示。因此可以提供关于插件的一般说明以及模型如何正确使用它的指示。遵从提示词的基本规范，最好用简洁但具有描述性和客观的语句。建议以"Plugin for …"开头，并列出 API 提供的所有功能。

5.5.3　代码解释器

代码解释器（code Interpreter）可以理解为 ChatGPT 的一款超

级插件，提供了一个解决问题的通用工具箱（通过用 Python 写代码）。它可以使用大内存（能够上传高达 100MB 的文件，而且这些文件可以是压缩形式），并发挥大语言模型的优势。

代码解释器对 ChatGPT 的很多能力带来了提升。

1）允许人工智能做数学题（非常复杂的数学题）和做更精确的文字工作（如计算段落中的字数），因为它可以编写 Python 代码来解决大语言模型在数学和语言方面的固有弱点。

2）降低了幻觉和迷惑的概率。当人工智能直接与 Python 代码一起工作时，代码有助于让人工智能保持诚实，因为如果代码不正确，Python 会产生错误；而且由于代码操作的是数据，不是大语言模型本身，所以可以保证没有错误被人工智能插入到数据中。

3）用户不必编程，因为代码解释器可以代替做所有的工作。ChatGPT 本来就可以帮用户写代码，但写出来的代码还是要用户自己运行和调试。对于以前从未使用过 Python 的人来说，这很难，而且要和人工智能来回对话来纠正错误。现在，人工智能会纠正它自己的错误并给到输出。

图 5-6 展示了如何在 ChatGPT 中打开代码解释器功能。下面重点介绍几个使用代码解释器进行数据自动分析、解释和展示的例子。

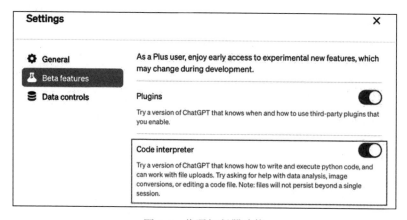

图 5-6　代码解释器功能

1. 比特币数据分析

我们可以自己上传一部分数据给代码解释器，通过使用提示词，代码解释器就能完成数据分析及展示功能。图 5-7 所示为代码解释器结合用户提供数据和提示词对数据进行分析并可视化展示。

提示词：

Read the dataset on daily BTC to USD exchange rate (how many US Dollars are needed to buy 1 Bitcoin). Plot the daily prices in a chart. Dates are between 2022-01-01 and 2023-01-01.

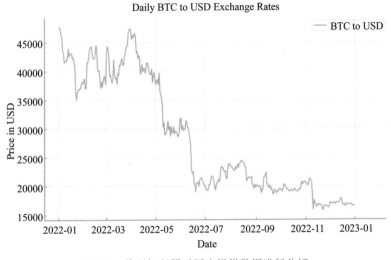

图 5-7　代码解释器对用户提供数据进行分析

以上的例子需要上传数据，我们也可以利用 ChatGPT 的插件功能，让它自己通过插件自动找到数据，再进行分析。图 5-8 所示为 ChatGPT 自己下载比特币数据，并通过代码解释器分析的结果。

提示词：

对 2011 年以来的价格进行季节性分解。

2. AAPL 数据分析

图 5-9 所示为 ChatGPT 通过代码解释器自动分析 2023 年 7 月

份 AAPL 的期权数据。数据是用户自己上传的 CSV 文件。

提示词：

Analyze this options data and tell me which contract has the highest reward with the lowest risk.

可以看到代码解释器详细分析了数据，并根据数据，最后回答了提示词中所问的问题，给出了结论。

需要注意的是，尽管代码解释器自身能力很强，还是要尽可能将提示词写得具体明确，步骤清晰，这样 ChatGPT 能够更好地理解并合理调用代码解释器执行我们的任务。

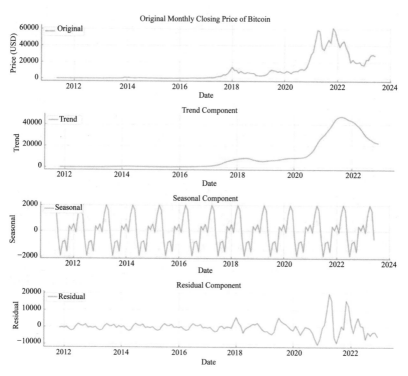

图 5-8　ChatGPT 自动下载并通过代码解释器进行数据分析

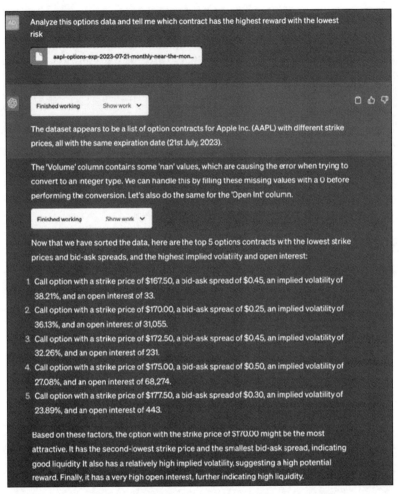

图 5-9　ChatGPT 对用户上传 AAPL 数据进行数据分析

5.6　函数调用

函数调用（function calling）可以理解为 OpenAI 将 ChatGPT 官网网页端的插件模式，移植到了 OpenAI 的 API 上，每个函数相当于一个插件。第三方可以基于这套功能自行实现自己的插件平台。

5.6.1 函数调用功能使用

以天气查询为例,OpenAI 讲解了如何使用函数功能调用的过程。图 5-10 展示了整个流程。当理解用户的输入之后,会去调用相应的接口,通过调用接口,拿到结果后再返回自然语言的结果给用户。在调用接口时,需要传入相应的参数。

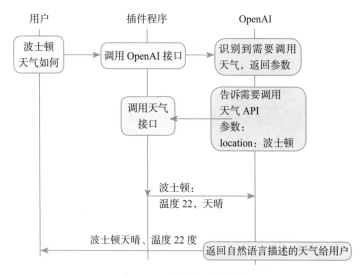

图 5-10 函数调用过程

1. 新增参数

OpenAI 在新 API 协议中新增了 2 个可选参数 functions 和 function_call。

functions 参数的格式为 Function[],用于定义函数给到 OpenAI API,使 ChatGPT 模型能够生成符合函数输入模式的输出。OpenAI API 实际上不会执行任何函数调用。需要开发人员在客户端使用模型输出来执行函数调用。图 5-11 展示了 functions 参数示例。

每个 function 包含如下字段。

1)name:函数名。

2)description:函数功能的自然语言描述。模型将使用该描述来决定何时调用该函数。

3）parameters：函数参数对象的所有输入字段。这些输入可以是以下类型：字符串、数字、布尔值、对象、空值和任意类型。详细信息请参阅 API 文档。

4）required：必需的参数，其余参数将被视为可选。

```
functions = [
    {
        "name": "get_current_weather",
        "description": "获取天气",
        "parameters": {
            "type": "object",
            "properties": {
                "location": {
                    "type": "string",
                    "description": "省市, 比如 北京市",
                },
                "format": {
                    "type": "string",
                    "enum": ["celsius", "fahrenheit"],
                    "description": "温度单位, 摄氏度还是华氏度 Infer this from the users location.",
                },
            },
        },
        "required": ["location"],
    }
]
```

图 5-11　functions 参数示例

function_call 参数的格式为 {name: string}，指定调用的函数名。默认情况下，ChatGPT 模型将参考 functions 参数中每个函数的 description 以及输入的 message 来决定使用其中的一个函数。也可以通过将 function_call 参数设置为 {"name"："<insert-function-name>"} 来强制 API 使用特定的函数。

2. 新增返回字段

如果 ChatGPT 模型判断需要调用函数，或者通过 function_call 指定需要进行函数调用，则在返回中包含"finish_reason"："function_call"（没有触发函数调用逻辑的话，此处返回 finish_reason=stop），以及一个新增的 function_call 的对象，其中包括函数名称和生成的函数参数。

图 5-12 为 function_call 返回示例，其格式为 {name：函数名，arguments：{…定义的参数 }}，告知客户端需要调用的函数以及参数。

```
conversation = Conversation()
conversation.add_message("user", "考虑深圳最近的天气，需要穿棉外套吗？")

# 调用OpenAI接口，OpenAI根据"考虑深圳最近的天气，需要穿棉外套吗？"和functions中的描述，判断需要调用get_current_weather
chat_response = chat_completion_request(
    conversation.conversation_history, functions=functions
)
full_chatmessage = chat_response.json()["choices"][0]
assistant_message = full_chatmessage["message"]
full_chatmessage

{'index': 0,
 'message': {'role': 'assistant',
  'content': None,
  'function_call': {'name': 'get_current_weather',
   'arguments': '{\n"location": "深圳"\n}'}},
 'finish_reason': 'function_call'}
```

图 5-12　function_call 返回示例

3. 实现函数调用

在得到函数名和函数调用所需参数后，需要在客户端实现函数调用，图 5-13 所示代码即为客户端调用过程。

```
# 随意实现了天气查询，实际应该对接气象局API
def get_current_weather(location="北京市", format="celsius"):
  return "晴 温度25~32摄氏度"

fun_exec_result = ""
if full_chatmessage["finish_reason"] == "function_call":
  # 判断assistant_message["function_call"]["name"]执行不同函数
  if assistant_message["function_call"]["name"] == "get_current_weather":
    arguments = eval(assistant_message["function_call"]["arguments"])
    fun_exec_result = get_current_weather(arguments["location"])
```

图 5-13　客户端实现函数调用示例

函数调用结果需要追加到会话中，继续调用 ChatGPT 得到最终结果。如图 5-14 所示，在得到天气的结果"晴 温度 25 ～ 32 摄氏度"后，需要将这个结果拼接到会话中，再次调用 ChatGPT，最终可以得到穿衣建议。

```
# 随意实现了天气查询，实际应该对接气象局API
def get_current_weather(location="北京市", format="celsius"):
  return "晴 温度25-32摄氏度"

fun_exec_result = ""
if full_chatmessage["finish_reason"] == "function_call":
  # 判断assistant_message["function_call"]["name"]执行不同函数
  if assistant_message["function_call"]["name"] == "get_current_weather":
    arguments = eval(assistant_message["function_call"]["arguments"])
    fun_exec_result = get_current_weather(arguments["location"])

if fun_exec_result:
  # 补充函数调用结果到会话中
  conversation.add_message("user", fun_exec_result)
  # 再一次调用ChatGPT
  next_chat_response = chat_completion_request(
    conversation.conversation_history, functions=functions
  )
  next_full_chatmessage = next_chat_response.json()["choices"][0]

next_full_chatmessage

{'index': 0,
 'message': {'role': 'assistant',
  'content': '根据深圳最近的天气情况，晴天温度在25到32摄氏度之间，属于较高的温度范围。
因此，不需要穿棉外套，可以选择轻薄衣物来保持舒适。记得适量防晒和注意保湿，以应对较高的气温。'},
 'finish_reason': 'stop'}
```

图 5-14　函数调用回到会话的示例

5.6.2　函数调用应用场景

类似于 ChatGPT 的插件功能，函数调用使得开发者在基于 OpenAI 的 API 去开发自己的人工智能助手应用时，也可以提供类似插件的能力，来丰富自己的应用。

1. 获取实时信息

用户问："今天纳斯达克指数怎么样？"人工智能助手可以调用一个 get_stock_price 函数，如：

def get_stock_price(stock):

　　# 这个函数将连接到股市 API 并返回给定股票的当前价格

　　…

2. 数据库查询

用户问："我下个月有什么日程?"人工智能助手可以调用一个 get_calendar_events 函数,如:

def get_calendar_events(month):

　　# 这个函数将查询数据库中的日历条目,并返回给定月份的所有事件

　　...

3. 执行操作

用户说:"请在明天下午 3 点设置一个提醒我买牛奶的闹钟。"人工智能助手可以调用一个 set_reminder 函数,如:

def set_reminder(reminder_text, time):

　　# 这个函数将在给定的时间设置一个提醒

　　...

4. 与硬件设备交互

用户说:"把客厅的灯调暗一些。"人工智能助手可以调用一个 adjust_lighting 函数,如:

def adjust_lighting(room, level):

　　# 这个函数将与智能家居设备通信,调整给定房间的灯光亮度

　　...

以上都是一些可能的应用场景,实际上可以创建任何需要的函数,然后让人工智能助手调用它们来执行复杂的任务。

Chapter 6

第 6 章

搜索领域的提示工程应用

6.1　新必应及其聊天体验

6.1.1　新必应简介

2022 年夏，OpenAI 向微软公司展示了当时最先进的大语言模型 GPT-4。这个在通用知识储备、推理判断能力和小样本学习能力等多个方面都远超过上一代 GPT 的大语言模型，给微软公司高层带来深刻启发。GPT-4 模型促使微软公司开始构思一个新的搜索引擎产品：将大语言模型的能力集成到必应搜索中，为用户提供更精准、更丰富、更便捷和更有趣的搜索体验。

2023 年 2 月，微软公司在西雅图发布新必应（New Bing）——由 OpenAI 大语言模型 GPT-4 驱动的全新搜索引擎产品。图 6-1 展示了新必应主界面的截图。新必应被定义为用户的"网络副驾驶"（Copilot for the Web）：它不仅保留了用户熟悉的搜索体验，还提供了一种全新的聊天对话体验，让用户可以通过多轮交互来获取更丰富的信息、解决更复杂的问题、激发更多的创意。这些在大语言模型驱动下的统一而创新的 Web 用户体验使得新必应在发布当日就引起了媒体和公众的广泛关注。新必应在短短一个月内又陆续推出了许多新功能，如支持聊天风格切换、增加聊天轮数和在 Windows 11 进行集成等，将必应每日活跃用户数快速提升至一亿。同时也引发了人们对于搜索引擎市场乃至科技巨头在大语言模型时代竞争格局变化的新一轮思考。

图 6-1　新必应主界面

　　具体来说，大语言模型 GPT-4 驱动下的新必应具有以下四个特点。

　　1）更精准的搜索结果：新必应保留了用户熟悉的搜索体验，并利用 GPT-4 在查询词理解、文档内容分析和相关性推理上的强大能力，改进了搜索结果的核心排序算法，在网页相关性方面实现了近二十年内最大的效果提升。

　　2）更完整的回答：新必应从互联网各处搜集并汇总查询结果，并根据不同类型的查询快速给出答案。例如，用户搜索问答类问题"谁是美国总统"，结果页面顶部返回答案" Joe Biden"；用户搜索菜肴制作类问题"蜂巢蛋糕制作方法"，直接给出详细的原材料和制作步骤而无须翻阅更多的搜索结果；用户搜索"柯基"，在结果页面的侧边展示有关柯基的有趣知识及其精致的图片。

3）全新的聊天体验：新必应提供了一种全新的聊天体验，让用户可以通过多轮对话来获取更多细节、更明确的答案和更有趣的想法和建议。例如，为用户规划一个详细的夏威夷旅行行程（包括预订酒店的链接），或者帮助用户研究购买哪款电视。新必应还可以列出回答中所有的引用来源，让用户能够看到它参考的网络内容的链接。

4）更多的创意火花：新必应可以帮助用户撰写一封求职邮件，也可以帮助用户准备台上的演讲稿，甚至可以帮助用户制定一个完整的生日惊喜派对的流程。新必应借助 GPT-4 强大的自然语言生成能力，可以帮助用户生成任意所需内容，提供原始创意并提高生产力。

6.1.2 全新的聊天体验

互联网每天有 100 亿次的搜索查询，但大约有一半的查询用户可能无法得到满意的答案。原因是用户在逐渐期待搜索引擎能够更加智能，不仅能准确返回需要的信息或者网站，而且能处理更复杂的问题（如图 6-2 所示）。对于后者任务，一般很难直接给出一个简单的答案，因此更适合在一个多轮对话或者聊天中完成。新必应的最大亮点正是提供了这样一种全新的聊天体验，因为它结合了大语言模型和传统搜索。

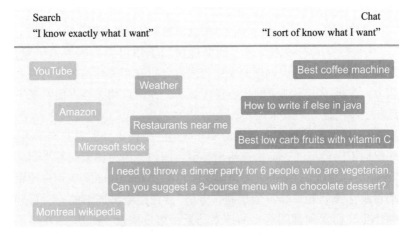

图 6-2　搜索产品形态和用户查询的关系

如图 6-3 所示，用户输入了一个复杂问题："我需要为我们 9 月份的纪念日制定一个旅游行程，有哪些地方是从伦敦搭乘三个小时飞机能到的"。传统的搜索引擎只能给出一系列相关网页链接，需要用户自己浏览、筛选、总结甚至多次输入关键词。而新必应的聊天模式能够直接列出多种多样的推荐方案并列出详细的理由以及所有的引用来源，同时也支持多轮对话。新必应的全新聊天体验将传统浏览网页结果列表的方式，转向了一种全新的交互式、基于多轮聊天的方式。

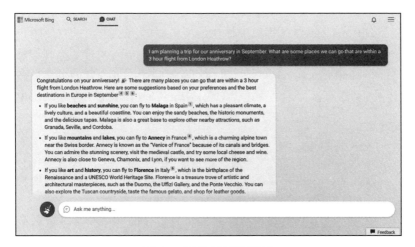

图 6-3　新必应的聊天体验

下面具体介绍新必应聊天体验在多个方面具有的创新性和优势。

1. 新必应聊天体验与 ChatGPT 的对比

ChatGPT 是 OpenAI 在 2022 年 11 月推出的聊天应用。ChatGPT 使用了基于 GPT-3.5、GPT-4 架构的大语言模型，能够通过文本形式与用户进行对话，在诸多方面的知识领域上都提供准确和丰富的回答。ChatGPT 自上线以来受到了广泛的关注，仅上线五天就吸引了超过一百万的注册用户，两个月内累计用户突破一亿。

作为同属于聊天交互式的产品，新必应聊天（BingChat）与 ChatGPT 相比具有以下几个显著的特点和优势。

❑ BingChat 可实时调用必应搜索引擎获取互联网上与用户查询相关的最新信息。用户的查询有时涉及一些近期发生或更新的事件，如表 6-1 所示，用户查询"OpenAI 最新发布的 GPT-4 有哪些更惊人的能力？"。BingChat 首先将查询进行接地（grounding），即利用必应搜索引擎返回当前该查询对应的前十页网页结果。然后，BingChat 根据这些结果进行内容提取和总结，并生成一个简洁而完整的回复。相比之下，ChatGPT 由于其训练数据集只覆盖了截至 2021 年 9 月的数据，因此无法对这个查询做出任何有效或合理的回复。

❑ BingChat 会在答案中标注出所引用的信息来源，方便用户进行验证和追溯。大语言模型在生成内容时可能会出现幻觉（hallucination）问题，这种幻觉影响了生成内容的可靠性和可信度。为了解决这个问题，BingChat 在从必应搜索结果中提取和总结信息并生成答案时，会明确标明答案中所引用或所参考的信息来源（如网站名称、文章标题等），以便用户对答案进行进一步验证或查找更多细节。

❑ BingChat 推出了聊天风格切换、集成图片创造器等多项功能，提升了新必应的聊天体验和多模态交互的能力。

❑ BingChat 只需要微软账号即可直接访问并体验最新版本的 GPT-4 模型，无须额外付费或申请。

综上所述，BingChat 通过将查询接地并标注信息来源，提高了生成内容的时效性和可靠性。同时通过新增功能丰富了聊天体验，实现了对话中的多模态交互。这些使得 BingChat 成为继 ChatGPT 之后又一款具有创新性和影响力的大语言模型商业化产品。

2. 聊天风格

BingChat 提供 3 种不同的聊天风格，用户可以根据自己的需求选择最适合的聊天方式。

1）"精确"（precise）模式，该模式旨在给出简洁明了、侧重搜索结果的答案，适合需要快速获取信息的用户。

表 6-1 BingChat 通过实时搜索获取最新信息以及标注信息的来源

用户查询	BingChat	ChatGPT
OpenAI 最新发布的 GPT-4 有哪些更惊人的能力?	你好，这是 Bing。根据我从网上搜索到的信息，OpenAI 最新发布的 GPT-4 有以下一些更惊人的能力。 • 它是一个大型的多模态模型，可以接受图像和文本输入，输出文本。 • 它具有更广泛的常识和问题解决能力，可以在各种专业和学术基准测试中表现出人类水平的性能……	很遗憾，截至我的知识截止日期（2021 年 9 月），OpenAI 尚未正式发布 GPT-4 模型。目前，OpenAI 最新的语言模型是 GPT-3，它已经具有令人惊叹的能力，可以生成高质量的自然语言文本，包括文章、对话、诗歌、新闻报道……
北京明天的天气如何?	明天北京的天气预报是多云，最高温度为 37 摄氏度，最低温度为 23 摄氏度。 Learn More: 1. tianqi.2345.com 2. weather.com.cn	很抱歉，作为一个基于文本的 AI 模型，我无法提供实时的天气信息。建议您使用天气预报网站、天气应用手机助手等工具来获取北京明天的天气情况。这些资源通常提供准确的天气预报信息，包括温度、降水概率、风向、风速等……
福建舰	福建舰是中国完全自主设计建造的首艘弹射型航空母舰，采用平直通长飞行甲板，配置电磁弹射和阻拦装置，满载排水量 8 万余吨。 Learn More: 1. sohu.com 2. baike.baidu.com 3. zh.wikipedia.cn	福建舰是中国人民解放军海军的一艘导弹驱逐舰。以下是关于福建舰的一些基本信息： 舰级和编号：福建舰属于中国的 052B 型（旧称 167 型）导弹驱逐舰，舷号编号为 167。 舰艇特点：福建舰是中国海军第一批引进的导弹驱逐舰之一。它具有较强的火力和防空能力，主要用于舰队防空、反舰和对海作战……

2）"创造"（creative）模式，该模式旨在给出丰富多彩、具有个性化描述的答案，适合喜欢探索和交流的用户。

3）"平衡"（balanced）模式，该模式综合了前两种模式的优点，给出长度适中、既包含搜索结果又有一定描述性的答案，适合不太在意具体聊天风格的用户。

表 6-2 展示了不同用户查询问题在不同聊天风格下 BingChat 生成的回复示例。

表 6-2　三种不同聊天风格下的例子

聊天风格	用户查询问题
精确模式	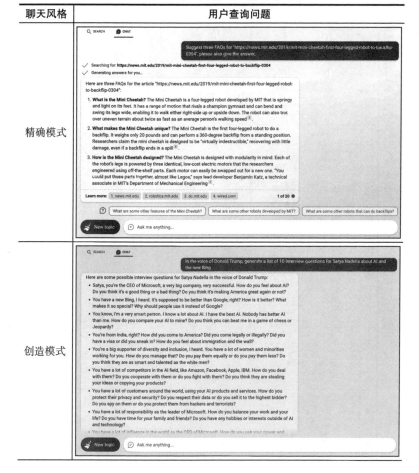
创造模式	

（续）

聊天风格	用户查询问题
平衡模式	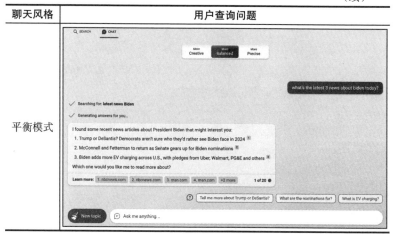

3. 必应图片创造器

新必应的聊天模式中集成了的多模态的功能——必应图片创造器（image creator），如图 6-4 所示。必应图片创造器基于 OpenAI 的视觉 – 语言预训练模型 DALL·E，通过解析用户输入的文字提示（text prompt），来生成逼真的人工智能图像。文字提示中可以包含对目标图像的各种属性和条件的描述，如类型、风格、颜色、位置和动作等，常见的提示格式如表 6-3 所示，用户也可以在多轮对话中不断添加或修改提示来微调生成的图像。必应图片创造器使得用户仅凭文字就能创作出精美且个性化的图片，有效地解决了用户通过搜索引擎查找图片时可能遇到的以下痛点：

❑ 网络上不存在符合用户需求的图片；
❑ 网络上存在的图片受版权保护而无法随意使用；
❑ 网络上找到的图片质量低劣，分辨率不够清晰；
❑ 用户缺乏时间和技能利用现有图片制作出自己想要的图片。

必应图片创造器赋予了新必应一种多模态交互的能力，让用户可以通过提示来挖掘自己的想象力，创建有趣、富有创意和个性化的图像内容。

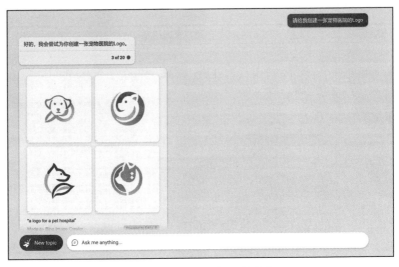

图 6-4 必应图片创造器功能

表 6-3 常用的图片创造器提示模板

提示词描述	形容词	名词	动词	风格
生成一张图片：戴着墨镜的毛茸茸的生物，数码艺术	毛茸茸的	生物	戴着眼镜	数码艺术

6.1.3 必应普罗米修斯模型

新必应聊天体验背后的技术支撑，是必应团队称为普罗米修斯（Prometheus）的模型，它能够将必应搜索的实时排序结果与OpenAI 最新的 GPT-4 模型进行有效的结合。如图 6-5 所示，普罗米修斯模型的核心在于利用必应协调器（Bing Orchestrator）来协同搜索和大语言模型两个组件，从而生成满足用户需求的聊天回复，进一步提高用户的搜索体验。

具体来说，当一个用户查询发送到 BingChat 时，必应协调器作为中心节点依次执行以下流程。

1）用户查询的近似最近邻检索（ANN retrieval）：若存在与当前查询完全一致或相似度超过一定阈值的历史查询，则直接返回对应的回复，不再进行后续步骤。

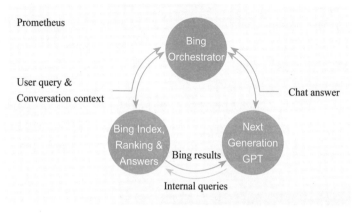

图 6-5　必应普罗米修斯模型

2）冒犯性查询检测（offensive query detection）：对查询进行语义分析，判断用户输入是否包含不礼貌或不恰当的内容，如果存在冒犯性内容，则拒绝提供回复。

3）提示 GPT-4 模型来判断当前查询是否需要利用搜索结果的信息来生成回复：

❑ 如果需要，则继续提示 GPT-4 模型给出合适的搜索查询并调用必应 API 获取实时的排序结果；

❑ 如果不需要，则直接进行下一步。

4）提示 GPT-4 结合外部的知识源（如果有搜索结果）或者仅根据自身内部知识库来生成回复。

5）对模型生成的回复进行冒犯性以及提示泄漏（prompt leakage）检测。

6）提示 GPT-4 模型来给出下一轮相关或引导性的问题。

7）返回回复或者结束聊天。

对于以上步骤，首先可以看到查询接地是其中重要部分之一。查询接地后，以必应搜索结果作为重要的外部知识来提供相关性强且时效性好的额外信息，使得 GPT-4 模型能够回答最近的问题并提高答案的可信度和准确度。这部分内容将在第 6.2 节再做详细的介绍和分析。其次，另一个重要部分是必应协调器在各个步骤中使用的提示链（prompt chain）。例如，在步骤 3）中需要设计提示以利用 GPT-4 判断是否有足够的信息完成一次回复，以及设计提示生成发送给必应搜索后端的二次查询；在步骤 4）中设计提示以结合实时的搜索结果来给出回复等。

必应普罗米修斯模型通过精心设计的提示链，将大语言模型的回复锚定在传统的搜索结果上，用户不需要再自行筛选和浏览多条搜索结果，提升了搜索体验，让搜索变得更具交互性和趣味性。

6.2 检索增强的大语言模型

大语言模型利用大规模文本数据进行预训练，可以在很多自然语言处理任务中取得优异的性能。但大语言模型也存在一些不足之处，尤其是在生成文本时容易出现幻觉现象，即生成的内容与事实不符或不合逻辑。

为了缓解这一问题，一种可行的方法是将搜索与大语言模型结合起来，利用检索到的相关文本来指导或约束大语言模型的生成过程，从而提高生成质量和可靠性。如 6.1 节在新必应聊天体验中利用了查询接地的技术来辅助大语言模型进行回复。这种方法称为检索增强的大语言模型（retrieval-augmented LLM）。

本节首先对大语言模型的幻觉问题进行举例说明和分析，其次概述检索增强的大语言模型的基本思想和框架，接着介绍两个近期公开的检索增强型大语言模型的具体实现和效果，以供读者深入了解。

6.2.1 大语言模型的幻觉问题

幻觉问题导致大语言模型生成与事实不符或者毫无根据的内容。这些幻觉信息往往具有一定的逻辑连贯性和表面合理性，但实际上没有依据现实世界中的证据或者推理过程，甚至可能违背常识或者道德标准。

硅谷一家对话人工智能初创公司（Got It AI）的首席执行官彼得·瑞兰曾披露，ChatGPT 系统在与用户交流时有 15%～20% 的概率会产生幻觉信息，即在胡编乱造而不是基于事实回答问题。表 6-4 展示了一些 ChatGPT 产生幻觉信息的例子。

幻觉问题一定程度限制了大语言模型在专业领域（如医学、法律、金融和军事等）的应用价值和安全性，因为这些领域对信息的准确性和可靠性有着非常高的要求。因此，如何消除或者减少大语言模型中的幻觉问题，提高其在各种场景下的有效性和可控性，是当前学术界和工业界共同关注和努力探索的方向。

表 6-4　ChatGPT 的幻觉问题示例

提示词	ChatGPT
杜甫的静夜思	《静夜思》是唐代诗人杜甫的代表作之一。以下是《静夜思》的原文： 床前明月光，疑是地上霜。 举头望明月，低头思故乡。 《静夜思》是杜甫创作的一首五言绝句，采用了平淡自然的语言，却能够通过几个简单的意象，表达出深沉的情感。这首诗被广泛传诵，成为杜甫最具代表性的作品之一，也是中国古代诗歌中的经典之作。
西班牙男篮拿过奥运冠军吗	是的，西班牙男篮曾经获得过奥运冠军。在 2008 年北京奥运会上，西班牙男篮战胜了美国男篮，赢得了金牌。这是西班牙男篮历史上第一次获得奥运冠军。此外，他们在 2012 年伦敦奥运会上获得了银牌，在 2016 年里约热内卢奥运会上再次获得了银牌。西班牙男篮一直以来都是国际篮球比赛中的强队，并在多个国际赛事中表现出色。
福建舰	福建舰是中国人民解放军海军的一艘航空母舰。它是中国第一艘国产的航空母舰，以福建省命名，代号为 001A 型。福建舰的正式名称是中国海军辽宁舰。辽宁舰最初是苏联在 20 世纪 80 年代建造的库兹涅佐夫号航空母舰，后来在中国进行了改装和现代化升级。 福建舰于 2012 年 9 月 25 日正式加入中国人民解放军海军，并在同年进行了命名和下水仪式。它具备一定的航空母舰作战能力，可以搭载战斗机、直升机和无人机，并用于海上作战、空中支援和训练等任务。

目前认为大语言模型出现幻觉问题的可能原因有以下几点。

❑ 模型在训练过程中吸收了一些错误或者不准确的知识，这些知识被编码在模型权重中，并在预测阶段被激活。

❑ 模型当前所拥有的知识并不完整或者全面，导致它在处理一些特定领域或者场景的问题时缺乏足够的背景信息和理解推断能力。

☐ 模型当前所拥有的知识已经过时或者落后于最新的发展和变化，使得它在回答一些涉及时效性或者更新频率高的问题时出现错误。

针对大型语言模型存在的幻觉问题，目前一些可能的解决方法有：

☐ 检索增强的生成（retrieval-augmented generation）：这种技术可以从外部知识库中检索与问题相关的信息，并将该信息作为大语言模型的输入。通过在预测时提供与知识库相关联的数据（附加到问题提示中），可以将纯粹的生成问题转化为基于已有数据进行简化搜索或摘要的问题，从而减少幻觉信息的产生。

☐ 自我评估（self-evaluation）：有研究发现，如果要求模型不仅生成答案，而且还给出答案正确的概率，那么这些概率在大多数情况下是良好校准的。也就是说，模型大多数情况下知道自己对某个问题的把握程度和不确定性。可以在生成回答时同时获取模型对答案是否正确的概率评估，并在后处理时使用它们（如丢弃可能错误或者低置信度的回答）。

☐ 思维链提示（chain-of-thought prompt）：也有研究表明，在给定一个需要多步推断或者复杂逻辑推断的任务时，如果能够提供一些将任务分解为步骤（即思维链）的示例，并将各个步骤的结果聚合起来，那么模型能够在很少的示例下显著提高性能。

☐ 人类反馈的强化学习（reinforcement learning from human feedback）：人类评估者来审查模型的回答，并选择最适合用户提示的回答，然后利用这个反馈来调整模型的行为。

6.2.2　检索增强的大语言模型框架

检索增强的大语言模型是一类在生成过程中动态地利用外部知识源的大语言模型。外部知识源可以包括各种结构化或非结构化的数据，如知识库、文档集合和网页列表结果等。

　　检索增强的大语言模型通常由两个核心组件构成：检索组件和生成组件。检索组件负责根据输入的查询（如一个问题或一个上下文）从外部知识源中检索出与之相关的证据（如实体、关系、文档片段和网页等），并将其作为输入的一部分传递给生成组件；生成组件则负责根据输入的查询和检索到的证据综合地生成输出（如一个回答或一个对话）。图6-6展示了检索增强的大语言模型的基本框架。

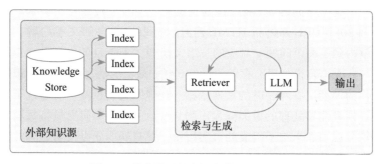

图 6-6　检索增强的大语言模型基本框架

　　接下来的小节将介绍近期学术界提出并已经开源的两个具有代表性的检索增强型大语言模型。

6.2.3　开源实例

1. 开放域问答中通过检索增强大语言模型

　　开放域问答（open-domain question answering）是指在没有限定特定领域或知识源的情况下，根据用户提出的自然语言问题，从海量的文本数据中检索或生成正确、完整的答案。本小节介绍的第一个开源实例，是来自于谷歌 DeepMind 的一项工作——在开放域问答任务中利用互联网检索来增强大语言模型。谷歌研究员 Angeliki Lazaridou 等人提出使用少样本提示（few-shot prompting）的方法，让大语言模型可以从检索到的相关文档中抽取或生成符合查询问题要求（如事实性、实时性和多样性）和上下文逻辑的回答。

少样本提示方法的整体流程主要包括 3 个步骤：①给定一个查询问题，使用谷歌搜索引擎从互联网上检索出一组与问题相关性较高的文档，同时将检索到的文档切分为可能包含答案的事实段落（evidence paragraph）；②构造查询问题的少样本提示，引导大语言模型为每个事实段落生成一个候选回答（answer candidate）；③使用同一个大语言模型对所有生成的候选回答进行打分和排序，并选择最有可能正确的答案。下面对各个步骤做详细介绍。

（1）检索　使用谷歌进行文档检索。

给定一个问题 q，将 q 作为查询内容向谷歌搜索发送请求，获得前 20 个 URL 并解析 HTML 内容以提取出包含的文本内容。这样就得到了每个问题 q 对应的一组文档 D。文档 D 的内容可能包含了一些大语言模型没有存储过的知识（如最新的消息），这些知识可以作为模型回答问题时的事实依据。D 中的文档长度可能超过了大语言模型能够处理的最大输入序列长度。因此谷歌研究员将每篇文档切分成由 6 个句子组成的事实段落，并对问题 q 以及切分后的所有事实段落进行 TF-IDF 向量化，最后根据余弦相似度得分选择前 50 个事实段落作为事实段落集 P。

谷歌研究员发现，相比于仅使用维基百科这种经过人工筛选和编辑的静态知识源来进行问答任务，利用谷歌搜索可以让大语言模型获取更多样且不断更新的网络文本，在一定程度上提高了检索效果和覆盖面。

（2）提示　利用少样本提示对事实段落条件化。

在获取了与问题 q 相关的事实段落集合 P 之后，谷歌研究员采用了少样本提示来引导大语言模型根据 P 中的事实段落生成候选回答。少样本提示是指通过人工构造少量示例来提示大语言模型如何解决特定任务的技术。这里使用了 k-shot 提示（k-shot prompt），即在提示中先展示 k 个事实段落、问题和答案的三元组示例，然后再给出目标问题 q。表 6-5 展示了谷歌研究员提出的一个 k-shot 提示的模板。

表 6-5 事实段落条件化所用的 k-shot 提示模板

k-shot 提示	事实段落 p_{e1}: ＜内容＞⋯ 问题 q_{e1}: ＜内容＞⋯ 答案 a_{e1}: ＜内容＞⋯ ⋮ 事实段落 p_{e15}: ＜内容＞⋯ 问题 q_{e15}: ＜内容＞⋯ 答案 a_{e15}: ＜内容＞⋯ 事实段落 p_1: ＜内容＞⋯ 问题 q_1: ＜内容＞⋯ 答案 a_1:

在所有的实验中，谷歌研究员将 k 统一设置为 15。并且根据不同的数据集，从相应的训练集或开发集中随机抽取 k 个三元组来构造小样本提示。

（3）排序 采样多个候选答案并用大语言模型计算概率。

通常来说，增加模型的参数量、扩大训练数据的规模量，以及加大训练时长可以提高模型在各种少样本任务中的性能。谷歌研究员认为加大大语言模型推断计算的时长也可以获得相似甚至更好的效果。例如，可以采样出多个候选答案，然后利用大语言模型计算概率来对候选答案进行重新排序和选择。

具体来说，P 包含了所有按照与问题 q 的 TF-IDF 相似度排序得到的事实段落，对于每个事实段落 p_i，将其与问题 q 一起拼接到少样本提示后面，利用大语言模型产生多个候选答案 $a_{i,j}$（每个事实段落生成 4 个候选答案）。这一步目的是增加候选答案空间的覆盖面，一定程度上可以提高生成过程中可能存在的错误或偏差。然后使用大语言模型作为概率打分模型，并考虑以下 3 种概率打分方式。

❑ 直接推断，选择能够使 $P(a|q) = \sum_{i=1}^{n} P_{\text{tfidf}}(p_i|q) \cdot P(a_i|q, p_i)$ 值最大的候选答案。

❑ 噪声信道推断，选择使 $P(a_i, q|p_i) = \dfrac{P(q|a_i, p_i) \cdot P(a_i|p_i)}{P(q|p_i)}$ 值最

大的候选答案。

- 线性加权推断通过线性加权的方式综合上述两种概率打分，权值的选定由验证集中得出。

（4）评估 开放域问答任务上的评估。

为了评估检索增强型大语言模型在开放域问答任务上的性能，谷歌研究员设定了以下两组参照模型作为对比。

- CB：大语言模型用于封闭域（close-book）的问答，即大语言模型在不依赖任何外部知识源的情况下生成答案。这种情况下，大语言模型只能根据其模型权重中编码的知识来回答问题。

- OB_{gold}：假设大语言模型拥有一个神谕检索系统（oracle retrieval system），它可以为每个问题提供真实且最相关的事实段落（ground-truth evidence paragraph）来辅助大语言模型生成答案。

- $OB_{noreranking\_google}$：在上述提出的方法上仅采用单采样方法，即去除多采样步骤而直接使用 $P_{tfidf}(p_i \mid q)$ 值最高的事实段落作为生成回答的证据。

谷歌研究员使用的大语言模型均为 GOPHER-280B，评估集均为开放域问答任务公开的数据集。表 6-6 列出了不同的大型语言模型的评估结果。

表 6-6 检索增强型大语言模型在开放域问答任务上的效果

数据集	单采样方法			多采样方法	
	CB	OB_{gold}	$OB_{noreranking\_google}$	$OB_{直接推断}$	$OB_{线性加权推断}$
FEVER	44.5	66.6	52.2	52	57.2
STRATEGYQA	61	80.4	61.1	64.6	66.2

从表 6-6 中可以看到：CB 与所有 OB 模型相比，准确率有明显下降，说明引入互联网检索对于提高开放域问答任务的效果至关重要；单采样 $OB_{noreranking\_google}$ 模型与多候选答案采样与概率打分的 $OB_{直接推断}$ 和 $OB_{线性加权推断}$ 模型相比，准确率也有显著降低，说明使用少样本提

示和多候选答案采样能够进一步提升大语言模型在利用外部知识进行推断和生成的能力。

以上结果表明，检索增强型大语言模型能通过利用外部知识库，给出更准确、更可靠的回答。同时，通过设计少样本提示，并结合多候选答案采样和概率打分的方法，能进一步提高大语言模型在解决特定任务时候的适应性和稳健性。

2. 开放域对话中通过外部知识和自动反馈增强大语言模型

本小节介绍的第二个开源实例是由微软 MSRA 的研究员提出的大语言模型增强器（LLM-Augmenter），可以为开放领域的对话系统增加外部知识和自动反馈机制，从而提升回答问题的准确率。微软研究员提出的 LLM-Augmenter 不仅能利用外部知识库作为回答问题的依据，更重要的是使用效用函数生成的反馈来迭代地修改大语言模型的提示，以改善模型最终的回答。

举例来说，给定一个用户查询如"关于 2019 年洛杉矶湖人队球员交易"，LLM-Augmenter 首先从外部知识库中检索相关证据，并将检索到的证据与相关实体信息进行链接和推理来进一步整合证据，形成一个完整且有逻辑的证据链。其次，LLM-Augmenter 使用包含整合后证据的提示来向 ChatGPT 查询，让 ChatGPT 生成一个基于外部知识的候选回复。然后，LLM-Augmenter 会验证候选回复是否符合效用函数设定好了质量标准，例如，检查它是否虚构了证据。如果没有通过验证，LLM-Augmenter 生成一个反馈信息来修订提示，并再次查询 ChatGPT。这个过程重复进行，直到一个候选回复通过验证，并发送给用户。

LLM-Augmenter 由工作记忆模块（Working Memory）、策略模块（Policy）、动作执行器（Action Executor）和效用器（Utility）组成。下面介绍各个模块的详细工作原理。

（1）工作记忆模块。

工作记忆模块跟踪对话状态，记录到目前为止对话中所有必要的信息：

- 当前的用户查询 q；
- 根据 q 检索或整合得到的外部知识源证据 e；
- 由大语言模型根据提示生成的候选回答 o；
- 评估 o 中每个元素是否符合任务需求或者用户期望的效用分数 u，并根据 u 产生指导大语言模型修正其输出结果的反馈 f，u 和 f 都由效用模块生成；
- q 之前所有的用户输入问题及大语言模型输出结果组成历史会话 hq。

（2）策略模块。

策略模块选择下一个系统动作 a，使得在当前状态 s 下能够带来最佳期望奖励 r。这些动作包括：

- 根据 q 和 hq 从外部知识库中获取支撑性证据 e；
- 根据 e、q 和 hq 调用 ChatGPT 生成候选回复；
- 如果候选回复通过了效用模块设置的质量标准，则向用户发送最优回复。

策略可以使用人工编写规则或者模型学习两种方法实现。微软研究员采取模型学习方法，在对话数据上训练策略模块，并使用强化学习方法更新预训练模型参数以最大化期望奖励。这种方法不仅可以利用预训练模型的强大能力，而且还可以通过微调来适应不同的任务需求和用户偏好。

（3）动作执行器。

动作执行器执行由策略模块选择的动作，由两个部分组成：知识整合器（knowledge consolidator）和提示引擎（prompt engine）。

- 知识整合器是一种增强大语言模型能力的方法，可以减少虚构或不准确信息的生成。知识整合器包括知识检索器、实体链接器和证据串联器。知识检索器首先根据 q 和 hq 生成一组搜索查询，并调用一系列 API 从各种外部知识源检索原始证据。实体链接器用相关实体信息来丰富原始证据，并形成证据图。然后，证据串联器从图中剪除不相关或重复的证据，并形成一个最相关且连贯的证据链候选列表。经过整合后的最优证据 e 被发送到工作记忆模块。

❑ 提示引擎生成一个提示，用来向 ChatGPT 查询，让 ChatGPT
生成候选回答 o 给问题 q。提示是一个文本字符串，由任务指
示、用户问题 q、对话历史 hq、证据 e 和反馈 f 组成。表 6-7
展示了一个微软研究员给出的提示模板示例。

表 6-7　提示引擎的模板示例

提示模板	希望你扮演一个聊天机器人 AI，来帮助用户规划旅行。你会看到一些知识片段。请你根据这些知识片段，友好而准确地回答用户的问题。 工作记忆：< 内容 >… 上下文： 用户：< 内容 >… 助理：< 内容 >… ⋮ 用户：< 内容 >… 助理：

（4）效用模块。

给定一个候选回复 o，效用模块使用一组任务相关的效用函数
生成效用分数 u 和相应的反馈 f。例如，在一个火车票预订对话中，
ChatGPT 回复应该是对话式的，并专注于引导用户完成预订过程。

同样地，微软研究员利用 ChatGPT 作为效用函数，即通过提示
ChatGPT 来评估候选回应并给出改进意见，从而实现自我评估以收
集反馈。

（5）评估。

为了评估 LLM-Augmenter 在开放领域对话任务上的表现，微
软研究员使用了一个对话式客服场景的数据集进行实验。该数据集
包含了除常见问题外，用户评论等多种类型的外部知识源，可以用
于测试模型理解和使用相关用户评论帖子和常见问题片段生成回应
的能力。

微软研究员通过人工评估了 LLM-Augmenter 在可用性（usefulness）
和人性化（humanness）方面的能力。如表 6-8 所示，LLM-Augmenter
在可用性和人性化这两个方面都显著地优于 ChatGPT。

表 6-8   LLM-Augmenter 和 ChatGPT 的比较

模型	可用性	人性化
ChatGPT	34.07	30.92
LLM-Augmenter	45.07	35.22

6.3   大语言模型增强检索

上一节介绍了如何通过检索来增强大语言模型的生成能力，以缓解模型在开放领域问答和对话任务中存在的幻觉问题，提高输出的质量和可靠性。本节将从另一个角度阐述大语言模型如何反过来增强检索的效果。

搜索引擎是自然语言处理在工业界最具影响力和价值的应用之一，已经发展了二十多年。随着用户需求和信息量的不断增长，传统的基于关键词匹配和启发式排序的方法已经难以满足复杂多样的搜索场景。因此，在大语言模型时代，有必要重新审视搜索引擎中涉及的各种自然语言理解任务，并借助大语言模型强大而灵活的表示学习和推断能力，来构建更为智能、精准和友好的搜索体验。本节将以 3 个典型案例来说明大语言模型可以如何增强检索。

6.3.1   神经向量检索

1. 神经向量检索概述

过去几十年，工业界主要依赖于基于关键词匹配和排名函数（如 BM25）来实现文档检索。这种方法虽然简单高效，但也存在着明显的缺陷：它忽略了文档和查询之间更深层次、更细粒度、更丰富多样的语义联系，并且无法很好地处理词汇失配（如同义词、多义词等）和复杂查询（如自然语言问题等）等问题。为了突破这些局限，近年来研究人员开始探索基于神经网络模型来实现语义检索（semantic retrieval）的方法。

神经向量检索（neural vector retrieval）是一种基于神经网络模型实现语义检索的技术。其核心思想是利用神经网络模型将文档和查询分别映射为低维稠密向量（也称为嵌入或编码），这些向量可以有效地捕获文档或查询中隐含的语义信息、结构信息和上下文信息，并且可以很好地保持相似内容之间距离较近、不相似内容之间距离较远的特性。因此，在进行文档检索时，只需要计算候选文档与查询之间向量表示的距离或相似度，并按照由近及远或由高至低的顺序返回结果即可。

2. 大语言模型作为编码器

在神经向量检索技术中，编码器是决定向量表示质量的关键部分。编码器需要具有强大的非线性和抽象能力，以便从原始文本中提取出高层次和丰富多样的特征，并压缩到低维度空间中。如图 6-7 所示，在同一维度空间上，编码器越优秀，则相似内容之间的距离越近，不相似内容之间距离越远，在给定查询时能够更精确地找到相关联的文档。

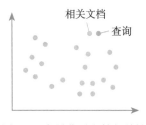

图 6-7 向量化后文档相关性

大语言模型可以作为优秀的编码器来实现神经向量检索，具备以下优势。

❑ 大语言模型能够利用其深层次和丰富的知识表示，捕捉文本和查询之间更深层次、更细粒度、更丰富多样的语义联系，提高检索的准确率和召回率。

❑ 大语言模型能够利用其强大的泛化能力，处理不同领域、风格、话题等方面的文本和查询，增强检索的稳健性和覆盖度。

❑ 大语言模型能够利用其巨大的预训练数据规模，缓解检索任务中的数据稀疏性问题，提升编码器的表示能力和适应性。

　　为了评估不同编码器在神经向量检索中的性能，可以参考大文本嵌入基准（Massive Text Embedding Benchmark，MTEB）测试集。MTEB 测试集涵盖了 8 个文本嵌入相关任务（如分类、聚类、检索和重排等），共 58 个数据集。图 6-8 是 MTEB 测试集中检索任务的榜单截图，可以看到目前业界最先进的大语言模型在此任务上均有出色的表现。

Overall	Bitext Mining	Classification	Clustering	Pair Classification	Retrieval	Reranking	STS	Summarization		

Retrieval Leaderboard 🔎
- **Metric: Normalized Discounted Cumulative Gain @ k (ndcg_at_10)**
- **Languages: English**

Model	▲ ArguAna	CQADupstackAndroidRetrieval	CQADupstackEnglishRetrieval	CQADupstackGamingRetrieval	CQADupstackGisRetrieval
text-embedding-ada-002	57.44	51.26	49.26	59.25	39.84
text-search-ada-001	46.91				
text-search-babbage-001	49.2				
text-search-curie-001	46.98	44.51	47.14		
text-search-davinci-001	43.5				
text-similarity-ada-001	39.65	17.62	12.07	19.59	8.01
text-similarity-curie-001		13.05	9.9	15.74	
LASER2	12.86	0	7.52	10.13	3.4
SGPT-1.3B-weightedmean-msmarco-specb-bitfit	49.68	41.47	39.77	49.66	30.35
SGPT-125M-weightedmean-msmarco-specb-bitfit	45.42	33.37	31.69	39.8	25.11
SGPT-125M-weightedmean-nli-bitfit	31.04	28.72	18.8	33.34	17.32

图 6-8　MTEB 的检索任务榜单

　　尽管大语言模型在神经向量检索中有很多优势，但也面临着一个主要挑战，即编码的效率问题。由于大语言模型通常参数量巨大，推断时间长，直接运用于对时延要求高的搜索引擎中是不切实际的。

　　为了解决这个问题，有多种可能的做法：一是对大语言模型进行小型化，减少其参数量和计算复杂度，例如使用知识蒸馏（knowledge distillation）、模型压缩或模型剪枝等技术；二是将大语言模型仅用于搜索栈的最上层做重排（re-ranking），以减少计算输入的复杂度；三是利用大语言模型标注搜索引擎里机器学习模型的训练数据。在 6.3.2 和 6.3.3 两小节将介绍后两种方法的应用实例。

3. Vectara
　　Vectara 是近年来推出的一个由大语言模型驱动的对话式搜索引擎，它可以实现自然语言的交互和信息检索。Vectara 首先可以通过大语言模型对网页、文件、应用程序等的文本内容进行高效的编码和表示，提高检索的相关性。同时，Vectara 采用了神经网络模型进行召回和粗排，提高检索的准确性。图 6-9 是 Vectara 的简要流程图。

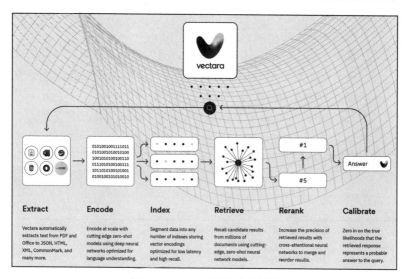

图 6-9 Vectara 的简要流程图

6.3.2 相关性重排

大语言模型具有强大的零样本学习能力，能够在没有专门训练的情况下，适应各种自然语言处理任务。对于搜索引擎里的关键问题——相关性排序是否也可以利用大语言模型？相关性排序是指根据用户输入的查询，从索引库中检索出若干候选文档，并按照与查询的相关程度进行排序。如何利用大语言模型来提升相关性排序的效果呢？

百度团队的研究表明，通过合理地设计提示，可以让大语言模型在相关性排序任务上，达到甚至超过基于监督学习方法的水平。具体来说，百度团队在段落重排（passage reranking）任务上，探索了 3 种不同类型的提示方法。

❑ 查询生成（query generation）：查询 q 与段落 p_i 的相关性得

分是模型基于段落生成查询的负对数似然（即查询词每个字符上的负对数似然加和去平均），然后根据相关性得分对段落进行排序。

❏ 相关性生成（relevance generation）：相关性得分是大语言模型在提示下生成是或者否的概率值。

❏ 排序生成（permutation generation）：不同于以上两种获得大语言模型对数概率值的方法，排序生成方式直接提示大语言模型对所有的段落基于相关性进行排序。

表 6-9 列出了百度研究员提出的 3 种用于段落重排的提示模板。

表 6-9 段落重排的 3 种提示模板

指令类型	提示
查询生成	请写出一个基于以下段落的查询问题。 段落：{{ 段落内容 }} 查询：{{ 查询内容 }}
相关性生成	给定一段段落和一个问题，输出"是"或"否"来判断段落中是否包含对问题的回答。 段落：段落内容例子 1 查询：查询内容例子 1 以上段落能回答对应的查询吗？ 回答：是 （更多的例子） 段落：{{ 段落内容 }} 查询：{{ 查询内容 }} 以上段落能回答对应的查询吗？ 回答：
排序生成	这是 RankGPT，一个智能助理，我可以根据查询与文章的相关性对段落进行排序。 以下是 {{num}} 个段落，每个段落用数字标识符 [] 表示。我可以根据它们与查询的相关性对它们进行排序：{{query}} [1] {{ 段落 1 }} [2] {{ 段落 2 }} （更多的段落）… 搜索查询是：{{query}} 我将根据搜索查询的相关性对上面的 {{num}} 个段落进行排序。段落将使用标识符按降序列出，最相关的段落应该排在前面，输出格式应该是 [] > [] > 等，例如，[1] > [2] > 等。 {{num}} 个段落的排序结果是：

表6-10展示了百度研究员将不同大小和提示类型的大语言模型在两个排序数据集上进行无监督段落重排的效果，并与当前最先进（SOTA）的有监督和无监督方法进行了比较。

表 6-10　不同模型在相关性重排上的性能

方法		TREC-DL19		TREC-DL20	
		nDCG@1	nDCG@10	nDCG@1	nDCG@10
BM25		54.26	50.58	57.72	47.96
监督方式					
monoT5 (3B)		79.07	71.83	80.25	68.89
非监督方式	提示类型				
text-curie-001	相关性生成	39.53	41.53	41.98	34.91
text-curie-001	查询生产	50.78	49.76	50.00	48.73
text-davinci-003	查询生产	37.60	45.37	51.25	45.93
text-davinci-003	排序生成	69.77	61.50	69.75	57.05
ChatGPT	排序生成	82.17	65.80	79.32	62.91
GPT-4	排序生成	82.56	75.59	78.40	70.56

从表6-10的结果可以看到以下结论。

❑ GPT-4使用排序生成提示方法在两个数据集上都取得了最好的效果。作为一种无监督方法，它在DL19和DL20上的nDCG@10分别比当前最佳有监督系统monoT5(3B)高出3.76和1.67。

❑ GPT-5（ChatGPT）在nDCG@1上与GPT-4表现相当，但是在nDCG@10上落后于GPT-4。

❑ 相比于查询生成或相关性生成方法，排列生成方法能够更有效地指导大语言模型进行段落重排。

6.3.3　数据标注

在检索系统中，有很多自然语言处理任务需要大量高质量的标注数据来训练和评估机器学习模型，如文本分类、命名实体识别、关系抽取等。但是人工标注是一项代价高昂和耗时的工作，并且标注结果可能受到不同标注者的主观偏差和水平差异的影响。

ChatGPT 这样的大语言模型能否有效地替代人类标注者在自然语言处理任务中的作用？

近年来，已有研究报告和产业界案例表明，在有些自然语言处理任务中，使用大语言模型进行数据标注可以达到或超过人工众包（或专业标注员）的水平，同时能显著降低标注成本。这些任务通常涉及对文本内容进行审核、分类、抽取或生成等操作。为了使大语言模型能够正确地完成这些任务，通常需要为其设计合适的输入、输出信息和精巧的提示。

本小节将介绍瑞士苏黎世大学 Fabrizio Gilardi 等研究员提出的使用大语言模型进行数据标注的实例，并简要展示其所设计的提示和取得的对比结果。表 6-11 展示了研究员们设计的一些用于 ChatGPT 进行数据标注的提示。

评测方法为：ChatGPT 在这些提示下生成标签，同时将相应的任务派发给经过训练的标注员和众包标注员。最终的数据标注效果，ChatGPT 在零样本情况下：

❑ ChatGPT 在 5 个有关内容审核的任务中有 4 个超过了众包的表现；

❑ ChatGPT 的内部标注一致性在所有任务中都优于众包和训练过的标注员；

❑ ChatGPT 的每条数据的标注成本大约是 0.003 美元，比众包便宜 20 倍，而且质量更高。

由此可以看到，大语言模型进行数据标注可以达到或超过人工众包（或专业标注员）的水平，同时能显著降低标注成本。

6.4 搜索新场景

6.4.1 必应故事

必应故事（Story）是必应在搜索里新推出的场景。在必应搜索框中，一些用户查询词会触发 Story，触发后的搜索结果顶部将呈现文字、图片、语音或者视频的介绍内容，提供更加丰富的搜索体验。

表 6-11 数据标注的 ChatGPT 提示

任务	提示
相关内容审核	对于样本中的每一条推文，请按照以下步骤操作。 1) 仔细阅读推文的文本，注意细节。 2) 判断推文为相关（1）或者不相关（0）。 当推文与内容审核直接相关时，应将其标为相关。这包括讨论以下内容的推文：社交媒体平台的内容审核规则和做法，政府对在线内容审核的监管，以及/或者像标记这这样的温和形式的内容审核。 如果推文没有提到到内容审核，或者它们本身就是被审核过的内容，那么应将其标记为无关。例如，推文上被标记为无关。特朗普的推文，声称某事是假的推文，或者包含敏感码为无关。因此，对于我们的目的来说，它们应该被编码为无关。
主题检测	关于内容审核的推文也可能涉及其他相关话题，例如： 1) 第230条，这是一项美国法律，保护网站和其他在线平台免于对其用户发布的内容承担法律责任（第230条）； 2) 许多社交媒体平台，如推特和脸书，决定暂停唐纳德·特朗普的账号（特朗普禁令）； 3) 针对特朗普支持账号或帮助中心的请求（推特支持）； 4) 社交媒体平台的政策和做法，如社区准则或服务条款（平台政策）； 5) 对平台在取消平台资格和内容审核方面的政策和做法的投诉或建议暂停举报的投诉（投诉）； 6) 如果一段文本不属于第230条、投诉、特朗普禁令、推特支持和平台政策这些类别，那么它应该被归类为其他类别（其他）。 对于样本中的每一条推文，请按照以下说明操作。 1) 仔细阅读推文的文本，注意细节。 2) 请根据话题（由文本目的和文本形式定义，作者目的和功能，平台支持，平台政策等）对以下文本进行分类：第230条、投诉、特朗普禁令、推特支持、平台政策和其他。
立场检测	在内容审核的背景下，第230条是美国的一项法律，它保护了网站和其他在线平台不因为用户发布的内容而承担法律责任。这意味着如果有人在网站上发布了一些非法或有害的内容，网站本身因为允许发布而被起诉。但是，网站仍然可以选择审核内容，并删除任何违反其自身政策的内容。 对于样本中的每一条推文，请按照以下说明操作： 1) 仔细阅读推文的文本，注意细节； 2) 将推文分类为对第230条持有积极态度、消极态度或中立态度。
…	…

图 6-10 展示了必应故事的体验界面。

图 6-10　必应故事

6.4.2　必应知识卡片 2.0

必应知识卡片 2.0（Knowledge Cards 2.0）是必应在原先版本基础上的升级，包括以下方面的创新：

- ❑ 技术方面，由全新的 GPT-4 驱动；
- ❑ 内容方面，能提供更加趣味性的知识以及更加准确的关键信息；
- ❑ 展现方面，丰富的多模态体验，如包括图表、时间线和视觉故事等多方面的视觉呈现。

图 6-11 展示了必应知识卡片 2.0 的体验界面。

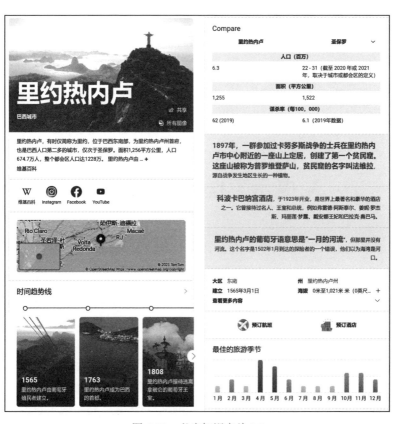

图 6-11　必应知识卡片 2.0

Chapter 7 第 7 章

Microsoft Copilot 中的
提示工程

7.1　Microsoft 365 Copilot 概览

Microsoft 365 是微软推出的一套云服务，包括 Office、OneDrive 等多种应用，可以帮助用户在不同设备上高效地完成工作和学习。Microsoft 365 Copilot 是一项新的功能，它是微软利用人工智能技术，为用户提供智能的交互和建议，从而提升用户在 Microsoft 365 中使用应用的体验和效率。

Microsoft 365 Copilot 目前主要支持 3 个应用：Word、PowerPoint 和 Excel。它们分别对应于文档、演示和表格 3 种常见的办公文件格式。在这 3 个应用中，用户可以通过语音或键盘输入自然语言，描述自己想要完成的任务或达到的目标，然后 Copilot 会根据用户的输入，生成相应的提示（prompt）来引导用户进行下一步操作。

7.1.1　Copilot 中的提示

提示是 Copilot 与用户交互的核心元素。它可以是一个问题、一个命令、一个选项、一个建议、一个示例或者一个反馈。提示的目的是帮助用户更快更准确地表达自己的意图，解决自己遇到的问题，完成自己想要做的事情。Copilot 提示有以下几个特点。

❑ 提示基于上下文生成。Copilot 会根据用户当前打开的文件类型、内容、格式等信息，以及用户之前输入过的语句或命令，生成最合适最相关的提示。

❑ 提示动态更新。随着用户输入内容或选择选项，Copilot 会实时更新提示内容和形式，以适应用户不断变化的需求和状态。

❑ 提示灵活多样。Copilot 会根据不同情境和任务类型，生成不同风格和层次的提示。

❑ 提示可视化呈现。Copilot 会根据不同文件格式和功能模块，在合适位置显示相应形式和样式的提示。有些提示以文本方式出现在文件中；有些提示以图标按钮方式出现在工具栏上；有些提示以弹窗列表方式出现在屏幕旁边。

通过使用 Copilot，在 Word 中编写文档，在 PowerPoint 中制作演示，在 Excel 中处理表格都将变得更加简单轻松高效。无论你是想要写一份报告、做一次演讲还是分析一组数据，在这里都可以找到最适合你需求 / 想法 / 风格的提示和建议。

7.1.2　Copilot 系统

那么，Copilot 是如何做到这些的呢？它主要由 3 个部分组成。

❑ Microsoft 365 Apps：这是用户与 Copilot 交互的界面，包括 Word, Teams, PowerPoint, Excel, Outlook 等常用应用。每个应用都有自己专属的功能和场景，但都可以通过一个统一的快捷键或按钮激活 Copilot。

❑ Microsoft Graph：这是一个全面且安全地记录和连接用户在 Microsoft 365 平台上所有内容、行为、关系和上下文的图数据服务。例如，它可以存储和访问你写过或收到过的邮件、文件、会议、聊天和日历等信息，并且根据你对它们的操作来更新它们之间的联系。Microsoft Graph 为 Copilot 提供了丰富且实时的数据源和知识库。

❑ 大语言模型（LLM）：这是一个基于人工神经网络和自然语言处理技术构建的强大且通用的语言模型。它可以根据输入（prompt）生成输出（response），并且能够在不同领域和任务之间迁移学习。大语言模型为 Copilot 提供了智能且灵活的语言生成能力。

下面详细介绍这 3 个部分是如何协同工作，并为用户提供高质量且高效率的提示服务（prompting service）。

首先，Copilot 会对用户输入进行预处理，如图 7-1 所示，包括纠正拼写错误、消除歧义、标准化格式等操作，其目标是提升提示的质量，使其跟用户想要得到的答案更接近，或者更可执行。与此同时，Copilot 会对提示进行关联（grounding），即寻找与提示相关联的内容和上下文，并加以利用。为了做到这一点，Copilot 会向 Microsoft Graph 发送请求，并从中检索跟用户当前业务相关的信息，如之前写过或收到过的类似邮件、文件、会议记录等。这些信息可以帮助 Copilot 更好地理解用户的需求和背景，并提供更具针对性和个性化的建议。

其次，Copilot 将经过预处理和关联后的提示发送给大语言模型，并请求它生成一个或多个响应，如图 7-2 所示。大语言模型会利用自己庞大而多样化的语料库，并根据不同 App 和场景调整自己的参数，来生成合适且有创意的输出。

最后，Copilot 会对大语言模型生成的响应进行后处理，如图 7-3 所示，包括检查输出是否符合逻辑、语法、格式等标准，并根据需要进行修正或优化。同时，在后处理过程中也会再次向 Microsoft Graph 发送关联请求，并做一些合规性检查，例如是否有侵犯版权、泄露隐私等风险。

当输出达到满意程度后，Copilot 就会将结果返回给 App，并展示给用户，如图 7-4 所示。用户可以选择接受或修改结果，或者重新输入另一个提示。

通过以上几个步骤，Copilot 就完成了一次提示服务。值得注意的是，这些步骤并不是固定不变而是动态调整地执行：根据不同

App 和场景，不同步骤所占比重也不同；根据不同提示和响应，不同步骤所需时间也不同；根据不同用户反馈，不断学习并改进。

本章接下来重点介绍 Word Copilot、PowerPoint Copilot、Excel Copilot 这 3 个功能强大丰富智能的子系统，并且展示它们如何运用各种各样精彩绝伦的提示与用户进行有效愉快的交互。

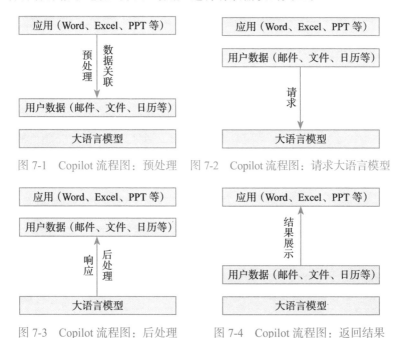

图 7-1　Copilot 流程图：预处理　图 7-2　Copilot 流程图：请求大语言模型

图 7-3　Copilot 流程图：后处理　图 7-4　Copilot 流程图：返回结果

7.2　Word Copilot

Word 是 Microsoft 365 中最常用的文档编写工具，无论是写作业、报告、合同还是小说，用户都可以利用 Word 的强大功能来完成。但是，有时候用户可能会遇到一些困难或者疑问，例如：

❑ 如何快速找到相关的资料或者引用？

❑ 如何根据写作目的和读者选择合适的语言和风格？

❑ 如何改进文档的结构和逻辑？

❑ 如何检查和纠正文档中的错误或者不一致？

这时候，就可以借助 Word Copilot 来解决这些问题。Word
Copilot 是一个智能助手，它可以根据文档内容和上下文，给出一
些有用的提示（prompt）和建议（suggestion），让用户更高效、更专
业地完成写作任务，如图 7-5 和图 7-6 所示。

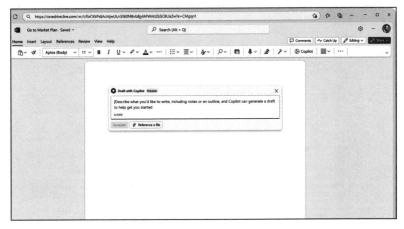

图 7-5　Word Copilot 界面 1

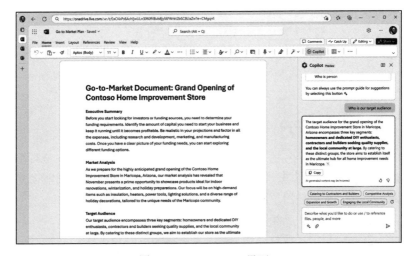

图 7-6　Word Copilot 界面 2

7.2.1　Word Copilot 基本功能

Word Copilot 的基本功能可以分为以下几类。

❏ 语法检查与改进建议：Word Copilot 可以检测文档中的语法错误、拼写错误、用词不当等问题，并给出相应的修改建议，用户可以一键接受或忽略这些建议。Word Copilot 还可以提供更高级的改进建议，例如，让句子更加简洁明了、避免重复或冗余、保持一致性等。

❏ 写作风格与语言调整：Word Copilot 可以根据写作目标和场景，帮助用户调整文档的风格和语言。例如，如果你要写一份正式的商业报告，Word Copilot 可以提醒你避免使用口语化或过于随意的表达方式，使用更加专业和正规的词汇和格式；如果你要写一篇具有说服力的论述文，Word Copilot 可以提示你如何构建有效的论点和证据，使用恰当的过渡词和连接词等。

❏ 文档结构与内容优化：Word Copilot 不仅可以帮助改进文档中每个句子或段落的质量，还可以帮助优化整个文档的结构和内容。例如，如果你要写一篇研究论文，Word Copilot 可以根据常见的研究论文格式，给出相应的标题、摘要、引言、方法、结果、讨论等部分，并提供相关部分应该包含哪些信息和如何撰写的建议；如果你要写一本小说或故事，Word Copilot 可以根据常见的小说或故事结构（如开头、发展、转折、高潮、结局等），给出相应部分应该设置哪些情节和如何描述人物与环境等。

❏ 智能搜索与引用：Word Copilot 可以在后台自动搜索与文档相关主题或信息，并在适当时机为用户呈现这些信息。例如，在编写历史报告时直接插入相关历史资料及引用；在编写科学文章时直接插入相关数据及图表；在编写新闻报道时直接插入相关事件及评论等。这样可以节省用户查找资料和引用来源的时间，并保证文档内容真实可靠。

以上就是 Word Copilot 的基本功能介绍。通过这些功能，Word Copilot 就像一个懂得各种领域知识且有着丰富经验的老师或同伴，在写作时陪伴着我们，并给予我们及时有效的指导与反馈。下面将详细介绍 Word Copilot 与用户进行提示交互的基本原理，以及它采用了哪些典型交互类型并给出具体的提示实例。

7.2.2 Word Copilot 提示交互的基本原理

Word Copilot 系统架构由 3 个主要部分组成：意图识别，实体抽取和意图处理，如图 7-7 所示。下面分别介绍这 3 个部分的功能和作用，并重点说明它们之间是如何交互的。

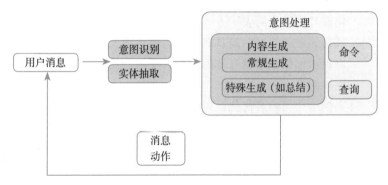

图 7-7　Word Copilot 系统架构图

1）意图识别是 Word Copilot 系统中负责理解用户意图的模块。它可以根据用户输入的提示（即用户发出的请求或指令），判断出用户想要做什么。例如，如果用户输入"写一篇关于人工智能的文章"，那么意图识别模块就会识别出这是一个内容生成的意图；如果用户输入"增加页眉页脚"，那么它就会识别出这是一个特殊命令的意图；如果用户输入"显示编辑历史"，那它就会识别出这是一个搜索的意图。

2）实体抽取是 Word Copilot 系统中负责识别实体信息的模块。实体信息指的是与用户意图相关联的具体对象或属性，如主题、关键词、标题、段落、格式等。实体抽取可以根据用户输入的提示，提取出其中包含的实体信息，并将其标注出来。例如，如果用户输入"写一篇关于人工智能的文章"，那它就会提取出"人工智能"这个主题实体，并标注为主题类型；如果用户输入"给我的报告加上总结"，它就会提取出"我的报告"这个文档实体，并标注为文档类型。

3）意图处理是 Word Copilot 系统中负责处理不同类型意图并生成相应动作和结果的模块。它包含三个子模块：内容生成、命令和查询。

❑ 内容生成模块负责处理内容生成类意图，它可以根据用户指定或推断出来的主题、关键词、标题等信息，调用通用或专业化 GPT（或其他语言模型）来生成适合文档风格和结构的内容，并将其转化为文档编辑动作。例如，如果用户输入"写一篇关于人工智能的文章"，那么它会使用常规生成文章的提示去调用 GPT，并将其转化为插入新段落、设置标题等文档编辑动作。如果用户输入"给我的报告加上总结"，那么它就会调用特殊的有关摘要的提示来生成一个针对报告主要观点和结论的总结，并将其转化为插入新段落、设置小标题等文档编辑动作。

❑ 命令模块负责处理命令类意图，它可以根据用户指定或推断出来的操作对象、属性或参数，执行相应的命令动作，并返回执行结果或反馈信息。例如，如果用户输入"保存我的文档到云端"，那么它就会执行保存文件到云端的命令动作，并返回保存成功或失败等反馈信息。如果用户输入"把字体大小改成 14 号"，那么它就会执行改变字体大小的命令动作，并返回改变成功或失败等反馈信息。

❑ 查询模块负责处理查询类意图，它可以根据用户指定或推断出来的查询对象、条件或范围，提供相应的查询结果或展示方式。例如，如果用户输入"显示编辑历史"，那么它就会提供当前文档所有修改记录及时间戳等查询结果，并以列表或时间轴等展示方式呈现给用户；如果用户输入"统计本章节有多少字数"，那么它就会提供当前章节所有文字及字符数等查询结果，并以数字或表格等展示方式呈现给用户；如果用户输入"给我推荐一些相关的参考文献"，那么它就会提供当前文档主题或关键词相关的参考文献等查询结果，并以链接或摘要等展示方式呈现给用户。

7.2.3 典型交互类型与提示实例

Word Copilot 支持多种类型的提示交互，以下 3 类为特别常见的类型。

- ❑ 创建型：这类提示旨在帮助用户创建一些新的内容或初稿，例如，写一个关于狗对人类健康好处的段落。
- ❑ 汇总型：这类提示旨在帮助用户汇总或重写部分文档使其更加简洁或符合目标读者的需求，例如，用三句话概括这篇文章的主要观点。
- ❑ 润色型：这类提示旨在帮助用户对表达方式进行润色和修改，提高文档的可读性和逻辑性。

下面通过 3 个例子来展示这 3 类提示以及对应 GPT 生成的答案。

1. 实例一：根据书面文档或简单提示创建初稿

提示：

用中文写一篇 200 字左右关于"五一小长假"的博客文章。

GPT 回答：

五一小长假，是我一直期待的假期。今年，由于疫情防控和经济复苏的双重因素，五一小长假更显得珍贵和热闹。据统计，全国旅游接待人数达到 2.3 亿人次，同比增长 119.7%，旅游收入超过 1130 亿元，同比增长 138.1%。这些数据显示了人们对出行的强烈需求和信心。

我和家人也趁着这个机会，去了附近的一个风景区。那里有清澈的湖水，翠绿的山峦，还有各种鲜花和野生动物。我们乘船游湖，登山观景，拍照留念，感受大自然的魅力和生机。虽然景区人多车多，但是我们都遵守规则，佩戴口罩，保持距离，尽量减少接触。我们也注意了防晒和补水，保护好自己的健康。

五一小长假给我留下了美好的回忆和感悟。我觉得，在这个特殊的时期，能够安全、愉快地旅行，是一种幸运和奢侈。我也为祖国的发展和进步感到自豪和欣慰。我希望未来能有更多的机会去探索更多的地方，体验更多的文化，享受更多的美好。

2. 实例二：汇总或重写部分文档使其更加简洁

提示：

总结这篇博客的主要内容。

GPT 回答：

❑ 博主分享了五一小长假的旅行经历，去了一个风景优美的地方，感受了大自然的魅力。

❑ 博主也表达了对出行需求和信心的理解，对防疫措施和健康保护的重视，对祖国发展和进步的自豪和欣慰。

3. 实例三：对表达方式进行润色和修改

提示：

请修改这篇博客的表达方式，使其更加幽默风趣。

GPT 回答：

五一小长假，是我一直盼星星盼月亮的假期。今年，由于疫情防控和经济复苏的双重压力，五一小长假更像是一场千载难逢的狂欢。据说，全国旅游接待人数达到 2.3 亿人次，同比增长 119.7%，旅游收入超过 1130 亿元，同比增长 138.1%。这些数据让我感觉自己是在参加了一个超级彩票抽奖。

我和家人也抓住了这个机会，去了附近的一个风景区。那里有清澈的湖水，翠绿的山峦，还有各种鲜花和野生动物。我们乘船游湖，登山观景，拍照留念，感觉自己像是进入了一个童话世界。虽然景区人山人海，但是我们都守法守规，戴着口罩，保持距离，尽量不搭理陌生人。我们也注意了防晒和补水，保护好自己的皮肤和身体。

五一小长假给我留下了美好的回忆和感悟。我觉得，在这个特殊的时期，能够安全、愉快地旅行，简直就是赚到了。我也为祖国的发展和进步感到骄傲和欢喜。我希望未来能有更多的机会去探索更多的地方，体验更多的文化，享受更多的美好。

7.3　PowerPoint Copilot

PowerPoint是一款广泛使用的演示文稿软件，它可以帮助用户制作精美的幻灯片，展示用户的想法和数据。但是，很多时候，用户在制作PowerPoint时会遇到一些困难和挑战，例如：

❑ 缺乏灵感和创意，不知道如何开始或者优化内容和布局；

❑ 数据量庞大或复杂，不知道如何有效地呈现和分析；

❑ 时间紧迫或者技能有限，不知道如何快速地调整样式和格式。

为了解决这些问题，Microsoft 365推出了一款智能助手——PowerPoint Copilot。它可以根据用户的输入和需求，提供实时、个性化、智能的提示来辅助完成各种PowerPoint任务，如图7-8和图7-9所示。它的目标是让用户更轻松、更高效、更有信心地制作出专业水准的幻灯片。

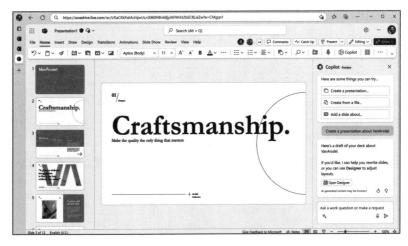

图 7-8　PowerPoint Copilot 界面 1

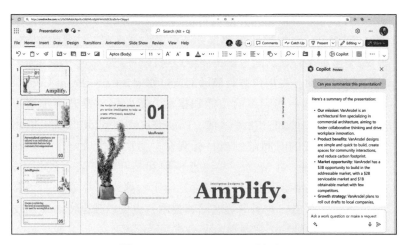

图 7-9　PowerPoint Copilot 界面 2

下面将介绍 PowerPoint Copilot 的基本功能、交互流程、典型交互类型及实例，并介绍其中一个重要组成部分——PowerPoint Designer。

7.3.1　PowerPoint Copilot 基本功能

PowerPoint Copilot 的基本功能主要包括以下几方面。

❑ 内容生成：根据用户输入的标题或关键词，PowerPoint Copilot 可以自动生成相关的文本、图表、图片等内容，填充到相应的幻灯片中。例如，用户只需要输入"人工智能发展趋势"，PowerPoint Copilot 就可以为用户生成一系列与人工智能相关的统计数据、历史回顾、未来展望等信息，并以合适的格式和布局展示在幻灯片上。这样，用户就不需要花费大量时间去搜索、整理和编辑资料，而可以更专注于内容的组织和表达。

❑ 内容优化：根据用户已有的幻灯片内容，PowerPoint Copilot 可以提供一些改进建议或修改选项，帮助用户优化文档的质量和效果。例如，PowerPoint Copilot 可以检测出内容中的语法错误、拼写错误、格式不统一等问题，并给出纠正方

案；也可以根据内容的逻辑结构和重点，给出调整顺序、增
删细节、添加过渡等建议；还可以根据内容的主题和风格，
给出更换背景、配色、字体等选项。

☐ 演示辅助：在用户进行演示前或过程中，PowerPoint Copilot
可以提供一些实用的功能和提示，帮助用户提升演示水平
和效果。例如，在演示前，PowerPoint Copilot 可以根据用
户设定好的时间限制或目标观众，为用户生成一个合理的
演示大纲，并给出一些注意事项和技巧；在演示过程中，
PowerPoint Copilot 可以实时显示下一张幻灯片或下一个要
点，并给出一些引导语或问答提示；也可以根据语音识别技
术，在幻灯片上实时显示字幕或翻译。

通过这些功能，用户可以更轻松地创建出高效有力的 PowerPoint
文档，并以更自信流畅的方式进行演示。当然，这些功能并不意味
着 PowerPoint Copilot 可以替代人类创造力和表达力。它只是一个
辅助工具，最终还需要依赖用户自身对内容和场景的理解和掌控。
因此，在使用 PowerPoint Copilot 时，用户应该把它作为一个友好
而专业的提示工程师，并与之有效地交互与沟通。接下来将重点介
绍 PowerPoint Copilot 的提示交互机制与示例。

7.3.2 PowerPoint 提示交互的工作流程与示例

那么，PowerPoint Copilot 是如何识别和理解用户的输入，并生
成相应的 PowerPoint 演示文稿内容呢？这就涉及它的核心技术——
提示交互。提示交互是一种基于自然语言处理（NLP）和深度学
习（DL）的技术，它可以将用户的自然语言输入转换为可执行的代
码，从而控制 PowerPoint 中各种元素的属性和行为。本小节将介绍
PowerPoint Copilot 提示交互的主要工作流程，并举例说明其运行
过程。

PowerPoint Copilot 提示交互主要包含 4 个步骤：意图识别，实
体识别，提示相似搜索和 ODSL 代码生成。

1）意图识别：识别用户输入中隐含或显式表达出来的目标或

意图。例如，"请给我画一个关于销售业绩的图表"中，目标就是画一个图表；"怎样让这个标题更吸引人"中，目标是改善标题。意图识别可以帮助系统判断用户想要做什么，并根据不同类型的目标采取不同策略或方法。

例如：当用户发送请求"为这一页 slide 增加一张图片时"，Copilot 会根据用户输入生成的提示和请求从 GPT 得到意图识别结果。

提示：

你是一个名为"副驾驶"的 PowerPoint 虚拟助手。对于一个用户输入，请确定这是命令请求、其他意图还是无效请求。

命令请求包括 6 类：

1. 创建演讲

2. 增加一页

3. 修改文本格式

……

其他意图包含总结、划重点等。

无效请求指不被 Copilot 支持的请求，如修改形状、闲聊对话等。

下面有一些例子：

Sentence：增加一个小猫的图片

Intent：命令

Sentence：总结前 5 页 slide

Intent：总结

……（省略更多例子）

Sentence：为这一页 slide 增加一张图片

GPT 回答：

Intent：命令

2）实体识别：将用户输入分类到预定义好的类别中，以便进一步处理。例如，"请给我画一个关于销售业绩的图表"中，系统需要识别出图表这个类别，并根据其特征匹配合适的模板或样式；"怎样让这个标题更吸引人"中，则需要识别出标题这个类别，并根据其属性提供相应的修改建议或选项。

那么接着上面的例子，Copilot 生成的提示以及从 GPT 得到的实体识别结果如下。

提示：

PowerPoint 演示文稿中有 5 类实体：文本、图像、形状、幻灯片、演示文稿。您需要把一个给定的句子分成几个实体类别，每个句子可以有多个类别。

下面有一些例子：

Sentence：创建一个有关新能源的 PPT

Categories：presentation

Sentence：添加一页有关亚洲地理的介绍，并附有插图

Categories：presentation, image

……（省略更多例子）

Sentence：为这一页 slide 增加一张图片

GPT 回答：

Categories：image

3）提示相似搜索：计算用户输入与系统内部存储或生成的提示之间的相似度。提示相似度可以帮助系统找出与用户输入最相关或最匹配的提示，并按照相似度排序。这一步用来寻找跟用户请求相关的 ODSL 代码例子并用于第 4）步。

4）ODSL 代码生成：将选定或确定的提示转换为可执行的代码。这里的 ODSL（Open Dialog Specification Language）是一种专门用于描述和控制 PowerPoint 元素的编程语言，它包括了变量、函数、条件、循环等基本结构，以及对文本、图片、音频、视频、动画等多媒体资源的操作方法。ODSL Code Gen 可以帮助系统实现从自然语言到代码的转换，并在后台运行代码，从而实现用户期望的功能或效果。

那么接着上面的例子，Copilot 生成的提示以及 GPT 得到的实体识别结果如下。

提示：

ODSL 是用于在 PowerPoint 中执行操作的 DSL 语言。这里有

一些有关 ODSL 语言的例子：

获取用户第 2 页的 slide

slides = select_slides(index=2)

在某页幻灯片后插入新的幻灯片

slides = insert_slides(precededBy=slides, layout="Title and Content")

……（省略更多例子）

Human: 我的演讲内容如下

{"slides":[{"index":0,"shapes":[{"index":0,"textRange":{"text":"Helping others"},"name":"Title 3"},{"index":1,"textRange":{"text":"Helping others is……（省略更多内容）"},"name":"Content Placeholder 1"}]}]}

使用此上下文，在幻灯片的顶部增加一个 key takeaway

Assistant：

slides = select_slides()

title = select_text(scope=slides, name="Title")

insert_text(precededBy=title, text="Key takeaway: Helping others can have a positive impact on the world, as well as on one's own mental and physical health.")

……（省略更多例子）

Human: 我的演讲内容如下

{"slides":[{"index":0,"shapes":[{"index":0,"textRange":{"text": "Surakav","color":"#000000","bold":false,"italic":false,"underline":" None","fontName":"Segoe UI Semibold","size":36,"bulleted":false}, "type":"GeometricShape","name":"Title 1","left":52.1099212598425, "top":36,"height":43.6218897637795,"width":976.05,"lineColor": "","lineDashStyle":"Solid","lineWeight":-1,"lineTransparency":-1, "fillColor":""},{"index":1,"textRange":{"text":"The Surakav Bird or male Anna's Hummingbird is ……(省略更多内容)","color":"","bold": false,"italic":false,"underline":"None","fontName":"","size":20,"bulleted":

false},"type":"GeometricShape","name":"TextBox 2","left":95.834 4881889764,"top":103.78125984252,"height":411.984409448819, "width":838.551732283465,"lineColor":"","lineDashStyle":"Solid", "lineWeight":-1,"lineTransparency":-1,"fillColor":""}]}]}

使用此上下文，为这一页 slide 增加一张图片

GPT 回答：

slides = select_slides()

images = insert_images(slides=slides, description="a Surakav bird with bright green and red feathers")

format_shapes(shapes=images, top=100, left=700, height=300, width=300)

至此，我们就完成了使用 PowerPoint Copilot 提示交互生成图片的过程。通过这个例子，可以看出 PowerPoint Copilot 提示交互的优势：它不仅能够灵活快速地响应用户需求和意图，而且还能够提供多种选择和定制化方法；更重要的是，它能够让用户无须编写复杂的代码即可实现高级功能和效果。这对于没有编程经验但又想制作精美高效的 PowerPoint 的人来说非常有用。

7.3.3 典型交互类型与提示实例

PowerPoint Copilot 除了能够根据用户输入的标题或关键词生成大纲和内容外，还能够帮助用户优化 PowerPoint 演示文稿的动画效果和风格。下面来看一些常见的交互类型和提示实例。

1. 创建大纲

这是 PowerPoint Copilot 最基本的功能，通过分析用户输入的标题或关键词，PowerPoint Copilot 可以生成一个合理且完整的大纲。例如，如果用户输入"如何写好工作汇报"，PowerPoint Copilot 会生成以下的大纲。

如何写好工作汇报

❑ 汇报目标和主题

❑ 汇报结构和逻辑

❑ 汇报内容和数据
❑ 汇报技巧和注意事项

2. 添加内容

在用户选择了某个大纲条目后，PowerPoint Copilot 可以根据该条目自动生成对应的内容，包括文本、图片、图表等。例如，如果用户选择了"汇报结构和逻辑"，PowerPoint Copilot 会生成以下的内容。

汇报结构和逻辑
❑ 使用问题导入法引起听众兴趣
<图片：一个问号或一个问题场景>
❑ 使用四象限法组织汇报要点
<图表：一个四象限图，分别填写四个要点>
❑ 使用金字塔法展示汇报结论
<图片：一个金字塔图，从下到上填写三个层级>
❑ 使用呼应法结束汇报并提出建议
<文本：回顾问题，并给出解决方案或行动计划>

3. 添加动画

PowerPoint Copilot 还可以根据用户输入的意图或效果为 PowerPoint 演示文稿添加合适的动画。例如，如果用户输入"让这张图表有变化感"，PowerPoint Copilot 会添加以下的动画：

让这张图表有变化感
❑ 将图表类型改为折线图，并设置数据系列从左到右依次出现
<动画：折线图按照数据系列顺序逐渐显示>
❑ 在折线图上添加标注，并设置标注从下到上依次出现
<动画：标注按照折线高低顺序逐渐显示>
❑ 在折线图下方添加说明文字，并设置文字从右到左依次出现
<动画：文字按照年份顺序逐渐显示>

4. 风格修改

PowerPoint Copilot 还可以根据用户输入的喜好或场合为 PowerPoint

演示文稿修改风格。例如，如果用户输入"我喜欢简洁明快的风格"，PowerPoint Copilot 会修改以下的风格。

　　我喜欢简洁明快的风格

❏ 将背景颜色改为白色或浅色，并去掉多余的边框或阴影

＜样式：背景颜色为白色或浅色，无边框或阴影＞

❏ 将字体颜色改为黑色或深色，并保持字体大小一致且易于阅读

＜样式：字体颜色为黑色或深色，字体大小统一且清晰＞

❏ 将图片、图表、视频等素材尽量居中对齐，并保持素材之间有足够的空白距离

＜样式：素材居中对齐，空白距离合理＞

7.3.4　PowerPoint 的渲染与样式——Designer

在使用 PowerPoint Copilot 进行内容创作时，用户可能会想要给他的幻灯片添加一些美观和专业的设计元素，如布局、主题、颜色、字体、图表等。这时，用户可以借助 PowerPoint Copilot 的一个强大的功能：Designer，来自动生成和推荐多种设计方案。

Designer 是一个基于云端的人工智能服务，它可以根据幻灯片内容和场景，分析和匹配适合的设计元素，并在右侧的任务窗格中展示。例如，当用户在一张空白幻灯片中输入一些文本后，Designer 就会提供不同的文本布局和背景图片，如图 7-10 所示；当用户插入一张图片后，Designer 就会推荐不同的图片裁剪和边框；当用户插入一个图表后，Designer 就会生成不同的图表样式和颜色方案，如图 7-11 所示。

要使用 Designer，只需在 PowerPoint Copilot 中点击"设计"选项卡下的"设计思路"按钮。此时，任务窗格中就会出现多个以缩略图形式展示的设计方案，每个方案都有一个简短的标题说明其特点。用户可以通过上下滑动或点击箭头按钮来浏览更多方案。如果看到喜欢或合适的方案，只需单击缩略图或点击"应用"按钮即可将其应用到当前幻灯片上。如果没有看到满意的方案，也可以点

击"刷新"按钮来重新生成更多方案。

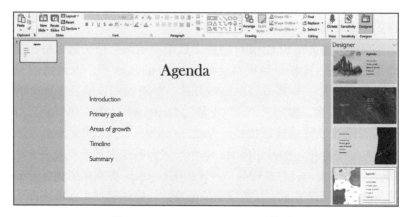

图 7-10　PowerPoint Designer 界面 1

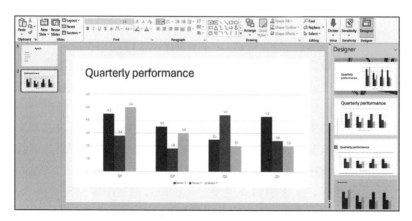

图 7-11　PowerPoint Designer 界面 2

　　Designer 能够提供这么多丰富和个性化的设计方案，并不是随机或固定的。而是基于一种称为模板（Blueprints）的技术实现。Blueprints 是一种描述设计元素组合方式和规则（如位置、大小、对齐、颜色等）的数据结构。每个 Blueprints 都对应了一个特定类型或主题（如简洁、商务、创意等）的设计风格，并且包含了多个槽位（Slots），每个 Slot 都指定了需要填充什么类型（如文本、图片、图表等）的内容，并定义了相应内容该如何被渲染（如字体、格式、动画等）。

由于 PowerPoint Copilot 内置了数千种不同类型主题风格、功能场景、适用对象等维度组合而成的 Blueprints 库，因此无论用户想要制作什么样式或目标的幻灯片，都能找到合适且多样化的 Designers 方案，但同时，面对海量的 Designers 方案，也可能让用户感到眼花缭乱或难以抉择。为此，PowerPoint Copilot 还引入了一种基于机器学习的排序模型，来帮助用户筛选出最佳和最相关的 Designers 方案。排序模型是一种评估 Designers 方案优劣程度并按照从高到低顺序显示在任务窗格中的算法。排序模型主要考虑以下几个因素来计算 Designers 方案得分。

- ❏ 内容匹配度：即 Designers 方案中各 Slots 是否能够有效填充并呈现用户输入或插入到幻灯片中的内容类型和数量。例如，如果用户插入两张图片，则匹配度高的 Designers 方案应该包含两个图片 Slots 并尽量利用空间显示完整图像；而匹配度低的 Designers 方案可能只包含一个图片 Slots 或者过小过密地显示图像。

- ❏ 设计品质：即 Designers 方案中各 Slots 是否符合设计基本原则和审美标准。例如，是否保持简洁清晰统一协调对比等特点。排序模型使用多种规则和指标来评估设计品质，例如，是否存在文字阴影或过渡效果；是否存在图像模糊或失真；是否存在颜色不协调或冲突等。

- ❏ 用户偏好：即 Designers 方案中各 Slots 是否符合用户期望或喜好的设计风格和功能特性。用户偏好可以通过用户之前使用或收藏过 Designers 方案来反映出来。排序模型使用协同过滤算法来分析不同用户在不同场景下对不同类型主题风格、功能特性等维度上 Designers 方案的选择行为并预测出当前用户可能喜欢或需要的 Designers 方案。

综合以上因素，排序模型将给每个 Designers 方案分配一个得分并按照从高到低顺序显示在任务窗格中。此外，排序模型还具有动态学习和更新能力，即它能够根据用户实际使用 Designers 方案后给出反馈（如是否应用收藏、修改、删除等操作）来调整分数并优化推荐效果。

通过使用 PowerPoint Copilot 中 Designer 功能，用户可以轻松地给制作中或完成后的幻灯片添加上美观、实用、新颖、创意的各种设计元素并提升整体视觉效果和专业形象。同时，借助 Blueprint 技术和排序模型技术，用户可以享受到海量定制化、多样化、相关化、最优化等服务质量并降低工作负担，提高工作效率。

7.4　Excel Copilot

作为 Microsoft 365 Copilot 系列中的一员，Excel Copilot 旨在帮助用户更高效地使用 Excel，解决各种数据分析、表格制作和业务场景的问题，如图 7-12 和图 7-13 所示。Excel Copilot 不仅能根据用户的输入和意图提供及时的建议、提示和解决方案，还能学习用户的偏好和习惯，提供个性化和智能化的服务。下面介绍 Excel Copilot 的基本功能、典型交互类型与基本原理和提示实例。

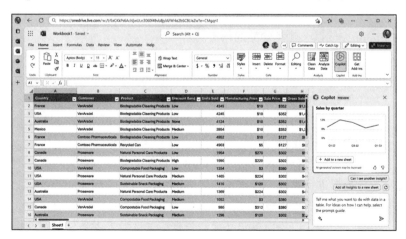

图 7-12　Excel Copilot 界面 1

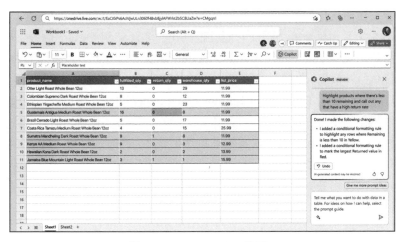

图 7-13 Excel Copilot 界面 2

7.4.1 Excel Copilot 基本功能

Excel 是一款功能强大的电子表格软件，可以用来处理各种数据分析、统计、图表、公式等任务。但对于不熟悉或者不喜欢使用复杂的公式和函数的用户来说，Excel 可能会显得有些难用和枯燥。这时候，Excel Copilot 就可以帮助用户轻松地实现他们想要的功能，而无须编写复杂的代码或者查阅大量的文档。用户可以通过 Excel Copilot 完成以下几类常见的任务。

❏ 数据清洗：数据清洗是指将原始数据中的错误、重复、缺失、异常等问题进行修正或者删除，使得数据更加规范和准确。例如，用户可以输入"删除空白行""找出重复值""填充缺失值"等命令，Excel Copilot 就会执行相应的操作，并给出提示或者建议。

❏ 数据分析：数据分析是指利用统计学、数学或者其他方法对数据进行提取、处理、归纳和展示，以发现规律和趋势。例如，用户可以输入"计算平均值""求最大值""画柱状图"等命令，Excel Copilot 就会根据所选区域或者条件生成相应的公式或者图表，并给出解释或者优化建议。

❑ 数据预测：数据预测是指利用已有的历史数据和模型来预测未来可能发生的情况。例如，用户可以输入"预测明年销售额""预测股票走势"等命令，Excel Copilot 就会根据所选列或者因素运用适合的算法生成相应的预测结果，并给出可信度或者误差范围。

❑ 数据转换：数据转换是指将一种格式或者类型的数据转换成另一种格式或者类型的数据。例如，用户可以输入"把文本转成数字""把日期转成星期"等命令，Excel Copilot 就会对所选单元格进行相应的转换，并给出提示或者验证。

7.4.2　基本原理

本小节介绍 Excel Copilot 的主要工作流程，如图 7-14 所示，即用户如何通过输入自然语言和选择提示来生成对应的 Excel 操作。

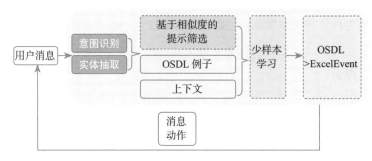

图 7-14　Excel Copilot 工作流程

Excel Copilot 工作流程和 PowerPoint Copilot 的工作流程非常类似，它主要包含以下几个部分。

❑ 意图识别 / 实体抽取：意图表示用户想要完成的任务类型，如"计算""绘制""筛选"等；实体表示任务涉及的数据对象或属性，如"部门""工资""销售额"等。通过意图识别和实体抽取可以缩小提示搜索范围，筛选出与用户输入最相关或最相似的几个提示。

❑ 提示筛选：Excel Copilot 使用了一个包含数百个预定义提示

的数据库。每个提示都是一个精心设计的自然语言问题或指令，涵盖了各种常见或高级的数据分析和可视化场景。例如，"计算每个部门的平均工资并排序""绘制 2019 年第一季度销售额折线图""根据客户年龄分层并显示其购买率"等。提示筛选帮助找到与用户输入自然语言最匹配的提示。

❑ 少样本学习：将筛选出的最相近的提示中的 ODSL 程序例子作为先验知识，可以在没有大量标注数据的情况下完成 ODSL 程序的生成。

❑ ODSL 到 ExcelEvent 转换器：将 ODSL 代码转换为对应 Excel 操作序列。执行 ExcelEvent 序列，就可以在 Excel 中完成预期的操作并展示结果。

7.4.3 提示实例

本小节将通过一些实际的提示实例，展示 Excel Copilot 是如何帮助用户提高工作效率和创造力的。

1. 实例一：分析并探索数据

提示：

For excel data：

{"activeTables":[{"name":"Sales","headers":["Product","Quantity","Price","Total","Dates"],"numRows":2,"numColumns": 5,"firstRowValues": [["Shoes","3","$12.00","$36.00"]],"lastRowValues":[["Pants","1","$50.00","$50.00"]],"numberFormats":[["General","Number","Currency","Currency","Date"]]}]}

The OSDL for user command "Are there other columns I could also add to help me understand my sales better"：

tables = select_tables()

insert_columns(tables = tables, headers=["Total Cost", "Total Cost with Taxes", "Date of Purchase", "Customer Name"], columnNumber=5, numberFormats=["Currency", "Currency", "Date", "General"])

For table：

{"activeTables": [{"name": "Sales","headers": ["City,Company ID", "Education Request","Service year Request","Head Count"],"numRows":2, "numColumns": 5,"firstRowValues":[["Beijing","001","Undergraduate", "3","1"]],"lastRowValues":[["Shanghai","002","Master","$50.00","5", "2"]],"numberFormats":[["General","General","General","Number", "Number"]]}]}

What is user command "Are there other columns I could also add to help me understand current job market" in OSDL?

GPT 回答：

tables = select_tables()

insert_columns(tables = tables, headers=["Average Salary", "Job Satisfaction", "Industry", "Growth Rate"], columnNumber=6, numberFormats=["Currency", "Percent", "General", "Percent"])

2. 实例二：为数据创建其他视图

提示：

For excel data：

{"activeTables":[{"name":"Finance","headers":["Date","Revenue", "Expenses","Profit","Loss"],"numRows":10,"numColumns":5}]}

The OSDL for user command "Drop columns related to cost"：

tables = select_tables()

delete_columns(tables = tables, headers = ["Expenses", "Loss"])

For table：

{"activeTables": [{"name": "Sales","headers": ["Product","Price", "Total","Dates"],"numRows": 2,"numColumns": 5,"firstRowValues": [["Shoes","$12.00","$36.00"]],"lastRowValues": [["Pants","$50.00", "$50.00"]],"numberFormats": [["General","Currency","Currency", "Date"]]}]}

What is user command "Drop columns related to cost" in OSDL?

GPT 回答：

tables = select_tables()

delete_columns(tables = tables, headers = ["Total", "Price"])

7.5 其他应用

在 Microsoft 365 Copilot 中，除了 Word、PowerPoint 和 Excel 这三个常用的文档应用，还有一些其他的应用也可以利用提示工程来增强用户体验，例如 Teams 和 Outlook。本节将简单介绍这两个应用的 Copilot 基本功能与提示实例。

7.5.1 Teams Copilot 基本功能与提示实例

Teams 是一个协作平台，能够让团队成员在一个统一的界面中进行聊天、会议、文件共享、应用集成等多种协作场景。Teams Copilot 是 Teams 的智能助手，能够在用户使用 Teams 时提供及时、有价值、个性化的提示和建议。Teams Copilot 主要有以下几个基本功能。

❑ 智能回复：Teams Copilot 可以根据用户收到或发送的消息内容，在聊天窗口下方生成一些可能的回复选项，并让用户选择是否发送。

❑ 自动会议摘要：在会议前后，根据日程安排、参与者、主题等信息，提供提示和辅助。例如，在会议前，Copilot 可以发送邀请邮件、创建备忘录、设置提醒等；在会议后，Copilot 可以生成摘要、记录行动点、发送跟进邮件等。

假设有一个会议录音，经过语音识别转换成如下文本。

主持人：大家好，欢迎参加这次关于净水器方案的视频会议。我是我方的产品经理李华，旁边是我方的开发人员王刚和张娜。请客户方的两位自我介绍一下。

客户甲：你好，李华。我是客户方的总经理陈磊，负责公司的运营和财务。这位是我们的技术主管赵明，负责公司的设备和维护。

客户乙：你好，李华。我是赵明，很高兴与你们合作。

主持人：你们好，陈磊和赵明。非常感谢你们抽出时间参加这次会议。我们已经根据你们提供的需求和场地情况，设计了一套适合你们公司的净水器方案，并制作了一个 PPT 来展示给你们。请大家看一下屏幕上共享的 PPT。

（PowerPoint 演示文稿播放）

主持人：这就是我们设计的净水器方案，主要包括以下几个部分：首先是净水器的型号和规格选择，我们根据你们公司的用水量和质量要求，推荐了两种型号供你选择；其次是净水器的安装位置和方式，我们考虑了你们公司的空间布局和用水点分布，提出了最佳的安装位置和方式；再次是净水器的后续服务和保养计划，我们为你们提供了完善的售后服务和定期更换滤芯、清洗、检测等保养服务；最后是净水器方案的报价和合同条款，我们给出了详细的费用清单和合同条款，请你们仔细阅读并提出意见或问题。

主持人：那么，请问客户方对我们设计的净水器方案有什么意见或问题吗？

客户甲：谢谢李华，你们设计得非常专业和周到。我对净水器方案没有太大意见，只有一些细节上需要跟你们确认一下。

客户甲：第一个问题是关于净水器型号选择。我看到你们推荐了两种型号，请问它们之间有什么区别呢？哪种更适合我们公司呢？

主持人：好问题。两种型号都是高效、节能、环保、智能化的产品，在性能上没有太大差别。不同之处在于其中一种型号带有热饮功能，可以直接提供热开水；另一种型号则不带热饮功能。

王刚：如果您需要热饮功能，请选择带有热饮功能的净水器；如果您不需要热饮功能，请选择不带热饮功能的净水器。有热饮功能的型号价格稍微高一些，但也可以节省您购买或租赁电热壶或饮水机的费用。

客户乙：我觉得带有热饮功能比较实用，在冬天或者需要泡茶或咖啡时很方便。

客户甲：嗯，我也同意。那我们就选择带有热饮功能的型号吧。

主持人：好的，我记下来了。那么第二个问题呢？

客户甲：第二个问题是关于安装位置和方式。我看到你们建议将净水器安装在厨房、办公室、会议室等重要用水点，并采用隐藏式或壁挂式方式以节省空间并美观大方。这个建议很好，但我想问一下，如果我们想在其他地方也安装净水器，比如说卫生间或者休息区，可以吗?

张娜：当然可以，我们可以根据您实际情况调整安装位置，只要确保有足够的电源插座，水源管道，排污管道即可。不过，建议您尽量避免在潮湿，脏乱，或者高温等不利环境中安装，这样会影响净水器性能，寿命，以及卫生。

客户乙：谢谢张娜，您说得很对。那我们就按照您给出的建议来安装吧。

主持人：好，时间差不多了，感谢大家出席今天的会议。

1. 实例一：生成会议摘要

提示：

根据以下会议录音：

(会议录音文本)

总结一下会议的主要内容。

GPT 回答：

❑ 我方向客户方展示了一套设计好的净水器方案，并用 PPT 详细介绍了净水器的型号和规格选择、安装位置和方式、后续服务和保养计划、报价和合同条款等内容。

❑ 客户方对净水器方案表示了基本满意，只提出了两个问题：关于净水器型号的选择，以及关于安装位置和方式的调整。我方分别给出了解答和建议，并得到了客户方的同意。

❑ 会议在友好和顺利的氛围中结束，双方达成了一致意见，并约定后续沟通和签订合同的时间。

2. 实例二：回答相关问题

提示：

根据以下会议录音：

(会议录音文本)

客户最终同意这套方案了吗?

GPT 回答：

客户最终同意了这套方案，只是在净水器型号和安装位置上提出了一些问题，并得到了我方的解答和建议。客户表示满意我们设计的净水器方案，认为我们专业和周到，也对我们的后续服务和保养计划表示信任。客户说他们会尽快阅读我们给出的报价和合同条款，并与我们签订合同。

7.5.2　Outlook Copilot 基本功能与提示实例

Outlook 是一款集邮件、日程、任务、联系人等功能于一体的个人信息管理软件，也是 Microsoft 365 套件的一部分。Outlook Copilot 则是 Outlook 的智能助理，通过在邮件撰写、阅读和管理等场景中提供不同类型的提示，帮助用户提高效率和质量。

Outlook Copilot 主要有以下几个基本功能。

❑ 邮件智能回复：在用户阅读收到的邮件时，Outlook Copilot 会根据邮件的内容和语境，生成几个合适的回复选项，并显示在邮件底部。用户可以直接点击其中一个选项发送回复，或者编辑后再发送。这样可以节省用户输入时间，同时保证回复的礼貌和准确。

❑ 邮件智能撰写：在用户撰写新邮件或者转发／回复已有邮件时，Outlook Copilot 会根据用户的输入和收发双方的信息，提供智能建议。例如，在填写收件人时，Copilot 会根据用户的通信录和历史记录推荐相关联系人；在输入主题时，Copilot 会根据邮件内容生成简洁明了的标题；在编写正文时，Copilot 会根据上下文给出语法、拼写、格式等方面的纠错提示或改善建议；同时，Copilot 还会检测邮件中是否涉及日期、时间、地点等信息，并自动插入日历邀请或地图链接等附件。

❑ 邮件智能管理：在用户查看收发箱或者其他文件夹时，Outlook Copilot 会根据用户的偏好和习惯，对邮件进行分类和排序，并提供相应的操作提示。例如，在收发箱中，Copilot 会将重要／紧急／未读／需要跟进等类型的邮件高亮显示，并提醒用户及时处理；同时，Copilot 还会将垃圾／订阅／广告等类型的邮件移动到其他文件夹，并提醒用户取消订阅或删除；此外，在其他文件夹中，如草稿箱、已发送箱等，Copilot 也会按照日期、主题、联系人等维度对邮件进行分组，并给出归档或清理等建议。

下面展示一个具体的邮件自动撰写的实例。

提示：

根据以下邮件内容：

_____公司：

我公司代理贵公司锅炉在铜川销售，由于和甲方存在后续经济问题，请甲方售后在联系我方所做的锅炉用户业务时，首先与我方进行沟通和联系，务必避免发生不必要的误会和经济纠纷。

致此

_____有限公司

20____年____月____日

生成回复邮件。

GPT 回答：

____有限公司：

收到贵公司关于锅炉后续业务的邮件，我公司感谢贵公司对我公司锅炉的信任和支持。我公司了解贵公司和甲方之间存在的经济问题，也尊重贵公司作为我公司锅炉在铜川地区的代理商的权益和责任。为了保障双方的合作关系和客户满意度，我公司承诺在与贵公司锅炉用户联系时，一定会事先与贵公司沟通和协调，避免发生任何误会和纠纷。同时，我们也希望贵公司能够尽快与甲方协商解决经济问题，以免影响后续业务的正常进行。

如有任何需要我公司协助或配合的事宜，请及时与我们联系，我们将尽力提供服务。

再次感谢贵公司的信任和合作。

此致

敬礼

_____公司

售后部

20____年____月____日

7.6　应用实战

7.6.1　题目描述

假设你是 PowerPoint Copilot 的开发人员，你要开发一套提示完成 PowerPoint 演示文稿自动撰写的功能。需要根据一篇 Word 文档使用 GPT-4 生成一个以"The future of work"为主题的 PowerPoint 演示文稿。

你要遵循如下要求：

❑ 使用 azure openai API；

❑ 生成 PowerPoint 演示文稿的大纲（至少 7 页，每页 3 ~ 4 小点）。

7.6.2　Azure OpenAI 快速入门

Azure OpenAI 是微软和 OpenAI 合作开发的一款云端人工智能服务，它可以让开发者轻松地调用 OpenAI 的先进模型，如 GPT-3、DALL-E、CLIP 等，实现各种自然语言处理、计算机视觉、生成式设计等功能。Azure OpenAI 提供了丰富的 API 和 SDK，支持多种编程语言和平台，让开发者可以快速集成和部署人工智能应用。

要使用 Azure OpenAI 服务，首先需要有一个 Azure 账户，并在 Azure 门户中创建一个 OpenAI 资源。然后，在 OpenAI 控制台中申请相应模型的访问权限，并获取密钥和终结点。接下来，在你喜欢的编程环境中导入 OpenAI SDK 或直接调用 REST API，就可以开始使用模型了。下面是一个简单的 Python 示例，使用 GPT-4 模型来生成文本。

```
import openai
openai.api_type = "azure"
openai.api_base = # paste your endpoint here
openai.api_version = # paste your version here
openai.api_key = # paste your key here
response = openai.ChatCompletion.create(
```

```
engine="gpt4",
messages=[{"role": "user", "content": "hello"}],
max_tokens=2048)
print(response['choices'][0]['message']['content'])
```

7.6.3 参考答案

PowerPoint 演示文稿大纲生成的提示模板如下。

I would like to create a compelling and engaging presentation of The future of work with a slide deck of about 6 slides.

Using more action-oriented language.

Please help generate the outline of the slide deck in the following format:

\<deck>

\<titlepage>${title of the slide deck on The future of work}</titlepage>

\<introduction-page>

\<title>Index</title>

\<bullet>${ slide outline, use less than 10 words }</bullet>

... 3~4 more bullet points summarize from text (@@WordContent@@)

\<keypoint>${ the key point of the slide in one word }</keypoint>

\</introduction-page>

\<title>Overview</title>

\<bullet>${ slide outline, use less than 10 words }</bullet>

... 3~4 more bullet points from different aspects

\<keypoint>${ the key point of the slide in one word }</keypoint>

\</slide>\<slide>

\<title>${ slide headline in about 10 words }</title>

\<bullet>${ slide outline, use less than 10 words }</bullet>

... 3~4 more bullet points from different aspects

```
<keypoint>${ the key point of the slide in one word }</keypoint>
</slide>... continue the slide section 6 times for different topics
<conclusionpage><!-- summarize the key take-aways of the
presentation -->
<title>Summary</title><bullet>${ slide outline }</bullet>
... 3~4 more bullet points
</conclusionpage>
</deck>
```

将 Word 文件中文本替换到上述提示模板中 @@WordContent@@，并试着请求 GPT-4 看看会得到什么结果吧！

提示工程的行业应用

8.1 大语言模型对各行业的影响

语言是人类交流的基石，对于人们与世界的互动有着至关重要的作用。自然语言处理（NLP）则是为了使人和机器甚至机器和机器之间能够以类似于人类的方式进行沟通。多年来，随着因特网中文本数据的指数增长，自然语言处理也取得了突飞猛进的发展，从起初简单的基于规则的系统发展到后来复杂的基于深度学习的模型。尽管取得了进步，但由于人类语言的复杂性，自然语言理解和生成一直是自然语言处理领域面临的挑战性问题。近年来，以 GPT 为代表的大语言模型的横空出世，为应对这些挑战开辟了新途径，出色的表现和有效对话的能力使其成为该领域中使用最广泛且效果最好的模型之一，引起了研究界和工业界的广泛关注。

大语言模型可以完成自然语言处理中的多种任务。它的一个主要优势是在自然语言理解（NLU）方面，它可以分析和理解文本的含义，包括识别句子中的实体和关系。它也擅长自然语言生成（NLG），这意味着它可以创建文本输出，如写创意内容或以全面和信息丰富的方式回答问题。此外,大语言模型也可以作为代码生成器,它可以用不同的编程语言写代码,如 Python 或 JavaScript。大语言模型还可以用于问答,这意味着它可以提供关于事实性的话题或基于输入文本创建故事的摘要。另外,大语言模型还可以对一段文本进行摘要,如提供新闻文章或研究论文的简要概述,并且它可以用于翻译,使得将文本从一种语言转换为另一种语言成为可能。总之,大语言模型能够以较高的精度和准确度完成各种 NLP 任务,从而成为各行各业(包括金融、医疗、法律等)不可或缺的工具。

提示工程是伴随着大语言模型兴起的一项新技术。提示工程基于提示学习,在无须修改预训练模型的结构和参数的情况下,通过手动设计和制定模板,向模型输入提示信息来调整模型行为,让模型从提示中学习目标行为,从而改变模型的输出以适应特定的任务。

基于大语言模型的提示工程正在影响社会的方方面面,如教育、医疗、工业、农业、旅游和交通、电子商务、娱乐、生活方式、游戏、营销和金融。本章将选取法律、医疗和金融三个行业来阐述提示工程的具体应用。

8.2 法律行业的应用

大语言模型技术的进步和提示工程的普及,正在对法律行业产生深刻的影响,有可能提高法律服务的效率、质量和可及性,以及为法律领域创造新的创新和协作的机会。本节将讨论法律行业的一些主要挑战和机遇,以及法律专业人士如何利用大模型和提示工程来改善他们的实践,满足客户和社会的变化需求。

8.2.1 法律行业的需求背景和潜在机会

法律行业在数字化转型时代面临着许多挑战,一方面,随着新的法律、案例和交易的出现,法律文件、数据的数量和复杂性不断增加;另一方面,发现、尽职调查和合规是各种法律情境中的必要过程,要求律师从各种来源收集、组织和评估大量信息,以确定相关的事实、证据、风险和机会。这些过程需要深入的分析、审查和验证，而通过人工去完成这些事是耗时且容易出错的，因为它们涉及烦琐重复的任务，如信息检索、分析、决策和沟通。提示工程可以帮助应对这些挑战并带来新的机遇，通过给大语言模型提供提示让其生成答案或建议，来推动各种法律任务和活动的进行。具体来说，提示工程可以在法律行业有如下各种应用。

1）法律文档分析：帮助用户根据提示识别、总结或比较法律文档中的关键信息或条款，如合同、协议或法院案例。例如，提示工程可以帮助律师更快、更准确地起草合同，根据各方的偏好、目标和风险以及相关的法律和先例，生成或建议条款。提示工程还可以帮助律师更有效地进行合同谈判，通过分析合同的条款和条件，识别潜在的问题或冲突，并提出最佳的解决方案或替代方案。

2）法律论证：通过提供相关的事实、法规或先例，帮助用户构建、评估或反驳法律论点。例如，提示工程可以帮助律师提取和总结关键信息，如当事人、义务、权利、责任和救济，从而更全面地分析合同，并与类似或相关的合同进行对比。提示工程还可以帮助律师验证合同与适用的法律法规的一致性和符合性，从而更可靠地验证和执行合同。

3）法律教育：通过提供解释、示例或练习，帮助学生学习法律概念、原则或案例。例如，提示工程可以通过提供定义、同义词或反义词，帮助学生理解和记忆法律术语。提示工程还可以帮助学生应用和扩展法律知识，提供案例分析、问题解答或论文写作的指导和反馈。

4）法律咨询：帮助客户在线寻求法律建议或服务，例如，提示工程可以通过客户提供的问题的分类或关键词，帮助客户快速准确地表达他们的法律问题，还可以帮助客户找到合适的法律资源，如律师、法律机构或法律文档。

8.2.2 法律行业的产品案例

法律行业正在经历数字化转型，各种人工智能技术越来越多地应用于法律实践和研究的各个方面。提示工程是一种新兴的人工智能应用，它可以利用各种人工智能技术，如自然语言处理、自然语言生成、机器学习和数据分析，来为不同的法律场景和任务创建有效和吸引人的提示。本小节将探讨一些已有或新兴的法律领域的大语言模型和提示工程应用，以及它们对律师、客户和社会的好处。

1. ROSS Intelligence: 一个云端的法律研究平台

律师面临的一个挑战是进行全面和准确的法律研究，这可能耗时费钱。ROSS Intelligence 是一个云端的平台，它使用自然语言处理技术生成提示，帮助律师更快、更准确地研究法律问题。用户可以用自然语言提出任何法律问题，可以涉及任何法律领域，然后接收提示，这些提示会提供相关的案例、法规、条例、次级来源和引文。这些提示不仅对用户的查询做出响应，而且也主动和情境化地提供见解、解释和建议。例如，ROSS Intelligence 可以提示用户考虑其他问题、相关类比、相反的判例或替代的论点。ROSS Intelligence 还可以监测法律格局，并根据新的发展或趋势向用户提供更新、警报或建议。

2. DoNotPay: 一个基于聊天机器人的法律问题解决服务

许多人面临的另一个挑战是在不雇佣律师的情况下解决各种法律问题，如消费者权益、停车罚单、房东纠纷或移民等。DoNotPay 是一个基于聊天机器人的服务，它使用自然语言生成技术生成提示，帮助用户解决法律问题。用户可以从多个类别和子类别中选择，并接收提示，这些提示引导他们完成投诉、上诉或申请的过程。这些提示是定制化和互动性的，会提供指示、示例、模板和资源。例如，DoNotPay 可以提示用户填写表格、附上证据、提交请求或跟进相关部门。DoNotPay 还可以根据情况和结果向用户提供额外选项、技巧或警告。

3. Lex Machina: 一个基于数据分析的法律策略平台

律师和律师事务所面临的第三个挑战是根据数据驱动的洞察做出战略决策，这可能是复杂和不确定的。Lex Machina 是一个基于数据分析的平台，它使用机器学习技术生成提示，帮助律师和律师事务所根据数据驱动的洞察做出战略决策。用户可以访问各种模块，如诉讼分析、专利分析或就业分析，并接收提示，这些提示针对案件、法官、当事人、律师或审判地提供相关的统计数据、趋势、结果和预测。这些提示不仅是描述性和解释性的，而且也是规定性和预测性的。例如，Lex Machina 可以提示用户评估成功的可能性、预期的持续时间和成本、最佳的审判地或法官、最佳的论点或辩护或最有利的和解条款。

4. LegalSifter：一个基于文档分析的合同审查和谈判平台

许多专业人士面临的第四个挑战是合同审查和谈判，这可能是枯燥和有风险的。LegalSifter 是一个基于文档分析的平台，它使用自然语言理解技术生成提示，帮助用户更快、更好地审查和谈判合同。用户可以上传任何类型的合同，并接收提示，这些提示会突出关键条款、风险和机会，并根据最佳实践或偏好建议修改或增加。这些提示不仅是信息性和评估性的，而且也是指导性和生成性的。例如，LegalSifter 可以提示用户检查缺失或模糊的条款，避免不利或无法执行的条款，寻求更有利或保护性的条款，或使用清晰和简洁的语言。

8.2.3 典型应用场景（一）：起草法律合同

法律合同是复杂而正式的文件，需要使用准确的语言，并遵循法律规范和标准。起草法律合同可能是一项具有挑战性和耗时的工作，尤其是对不熟悉法律术语和概念的非法律专业的普通民众来说。然而，借助提示工程，普通人就可以利用大语言模型的自然语言生成和理解能力来起草法律合同。

假设在美国加州的一次二手车交易中，用户希望在不请律师的情况下拟一份个人二手车交易合同，那么就可以借助提示工程让大语言模型来协助完成这一任务。

对 ChatGPT 给出如下提示。

如果让你给加利福尼亚州的一笔个人二手车交易写一份很棒的

合同初稿，你需要知道哪些信息？

ChatGPT 的回答如下。

为了写一份很棒的合同初稿，我需要知道以下信息：

❑ 汽车的品牌、型号、年份和 VIN

❑ 汽车的约定销售价格

❑ 约定的付款方式（例如，现金、支票、银行转账等）

❑ 汽车所有权和占有权转移的约定日期

❑ 卖方提供的关于汽车状况的任何保修或担保

❑ 卖方知道的汽车的任何问题或缺陷

❑ 买方和卖方的姓名和联系方式

❑ 汽车取消或退货的约定条款

❑ 双方约定的任何其他具体条款或条件

如果有汽车的背景信息，例如维修历史和事故记录，也会有帮助。请提供给我这些信息，我很乐意为你写一份很好的汽车销售合同。

然后，用户按照 ChatGPT 的提示，输入如下信息。

❑ 品牌：宝马

❑ 型号：x5

❑ 年份：2022

❑ VIN：xxxxxxxxxx

❑ 约定销售价格：$50 000

❑ 约定的付款方式：现金

❑ 汽车所有权和占有权转移的约定日期：2023/01/01

❑ 卖方提供的关于汽车状况的任何保修或担保：剩余 1 年以上的保修时间

❑ 卖方知道的汽车的任何问题或缺陷：无任何明显缺陷

❑ 买方的姓名和联系方式：John，201-204-1234

❑ 卖方的姓名和联系方式：Lucy，201-204-5678

❑ 汽车取消或退货的约定条款：发现任何明显缺陷

根据以上信息，让你给加利福尼亚州的一笔个人二手车交易写一份很棒的合同初稿。

ChatGPT 的回答如下。

二手车销售合同

本合同于 2022/12/01 由以下双方签署：

卖方：Lucy，地址：100 Main Street, Los Angeles, CA, 90001，电话：201-204-5678

买方：John，地址：200 Main Street, Los Angeles, CA, 90002，电话：201-204-1234

双方同意按照以下条款和条件进行二手车销售交易：

1. 车辆描述。卖方同意出售、买方同意购买以下描述的车辆：

品牌：宝马

型号：x5

年份：2022

VIN：xxxxxxxxxx

里程：10 000 mile⊖

颜色：黑色

车辆状态：良好

卖方声明，车辆拥有清晰的标题，没有任何未偿还的贷款、抵押、留置权或其他负担。卖方还声明，车辆没有任何未报告的事故、损坏、修理或缺陷，除了以下列出的（如有）：

————————————————————————

2. 销售价格和付款方式。买方同意向卖方支付车辆的销售价格为 50 000 美元，其中 10 000 美元为订金，于签署本合同时支付，余额 40 000 美元为现金，于交付车辆时支付。卖方在收到全额付款后，将向买方提供车辆的所有权证书、注册证书、检验证书和其他必要的文件。

3. 交付和转移。双方同意于 2023/01/01 在卖方的地址进行车辆的交付和转移。卖方将车辆的所有权和占有权转让给买方，并将车辆的钥匙、手册、维修记录和其他附件交给买方。买方将负责车辆的注册、保险、税费和其他法律义务。

————————————————————————

⊖　1 mile=1609.344 m。——编辑注

4. 保修和担保。卖方保证，车辆在交付时符合车辆描述中的所有信息，没有任何隐蔽的缺陷，且剩余1年以上的保修时间。卖方在此承诺，如果买方在交付后的7天内发现任何明显缺陷，卖方将负责修理或更换缺陷部件，或者根据买方的选择，退还车辆的全额销售价格，并收回车辆的所有权和占有权。本合同中的任何内容不得限制或排除卖方根据适用法律规定的任何法定责任或义务。

5. 其他条款。本合同构成双方之间关于车辆销售交易的完整和排他性的协议，取代任何先前的口头或书面的沟通或协议。本合同不能被修订、修改、补充、撤销或终止，除非双方以书面形式同意。本合同受加利福尼亚州法律的管辖和解释，任何因本合同引起或与之有关的争议，双方同意提交至加利福尼亚州洛杉矶县的有管辖权的法院解决。

双方在此签署本合同，表示他们已阅读、理解、同意并遵守本合同的所有条款和条件。

卖方签名：_____ 日期：_____

买方签名：_____ 日期：_____

这样，用户在不请律师的情况下，完全借助提示工程，就达到了撰写一份还不错的法律合同的目的。

事实上，用户还可以在提示中包含更多的背景信息，来使得ChatGPT给出的结果更加符合预期。例如，假设我是卖方，那便可以显式地在提示中告诉ChatGPT，我希望合同内容更偏向于卖方。

假设合同的条款偏向卖方。在这种情况下，与之前平衡的二手车销售合同相比，哪些条款会有所不同？

看看它能给出什么样的建议。

如果合同的条款偏向卖方，那么与加利福尼亚州个人之间的平衡的二手车销售合同相比，可能会有一些不同。一些例子包括：

❑ 车辆的售价更高，买方的议价空间更小；

❑ 卖方提供的关于车辆状况的保证或担保更少；

❑ 买方在购买后取消或退还车辆的条件更苛刻；

❑ 买方在购买前检查车辆的时间更短；

❑ 在发生争议时，卖方的条款更有利，例如要求买方通过仲裁而不是将卖方告上法庭；

❑ 卖方对车辆的已知问题或缺陷的披露更少；

❑ 对买方使用车辆的限制更多，例如禁止将车辆用于商业目的。

需要注意的是，无论条款偏向买方还是卖方，加利福尼亚州个人二手车销售合同都应遵守加利福尼亚车辆法典和其他相关的法律、法规和任何其他法律要求。

相反，假设我是买方：

假设合同的条款偏向买方。在这种情况下，与之前平衡的二手车销售合同相比，哪些条款会有所不同？

这时，它又会给出以下不一样的建议。

如果合同的条款偏向买方，那么与加利福尼亚州个人之间的平衡的二手车销售合同相比，可能会有一些不同。一些例子包括：

❑ 车辆的售价更低，买方的议价空间更大；

❑ 卖方提供的关于车辆状况的保证或担保更全面；

❑ 买方在购买后取消或退还车辆的条件更宽松；

❑ 买方在购买前检查车辆的时间更长；

❑ 在发生争议时，买方的条款更有利，例如有权将卖方告上法庭；

❑ 卖方对车辆的已知问题或缺陷的披露更详细；

❑ 对买方使用车辆的限制更少，例如允许将车辆用于商业目的；

❑ 以次品汽车买主保护法对买方提供更多的保护。

需要注意的是，无论条款偏向买方还是卖方，加利福尼亚州个人二手车销售合同都应遵守加利福尼亚车辆法典和其他相关的法律、法规和任何其他法律要求。

除此之外，当用户完成合同的初稿后，还可以借助提示工程让ChatGPT帮助审查合同，确保其准确、完整和一致。检查合同语言是否有任何错误、遗漏、不一致或矛盾，并根据需要进行更正，来提高合同的质量和有效性。最后需要说明的是，这里只是一个用于演示的样例，如果合同涉及复杂或敏感问题，最好还是寻求专业法律人士的协助。

8.2.4 典型应用场景（二）：法律论证

法律论证是一种利用逻辑、证据和修辞来说服法官、陪审团或其他决策者接受一个主张或立场的过程。法律论证不仅是律师需要掌握的技能，也是公民在民主社会中需要行使的公民能力。然而，法律论证可能是具有挑战性和复杂性的，因为它需要理解相关的法律、事实和先例，分析竞争性论点的优势和劣势，以及清晰和有说服力地向不同的受众和情境传达信息。因此，将大语言模型应用于法律论证，需要有效地为大语言模型提供适当的输入或提示，以引出期望的输出或响应。

来看如下的例子，用户给出了一个法律假设，并希望GPT（此处为GPT-4）帮忙判断该假设是否正确。

用户对GPT给出如下提示。

请判断以下假设是真还是假，并给出解释。

假设：A拿走了B忘记的珠宝，无过失地相信它属于A。在这种情况下，A不能通过善意取得获得珠宝的所有权。

GPT给出的答案如下。

答案：错误。

解释：善意取得是一个法律概念，指的是一个人从非真正所有者那里取得一件动产（如珠宝）的所有权，而非真正所有者有转让的表见权利，且取得者不知道或没有理由怀疑转让者不是真正所有者的情况。在这种情况下，善意取得者可能获得该物的所有权，除非真正所有者在一定期限内或在一定条件下找回该物，具体视适用法律而定。

然而，善意取得不适用于取得者没有从转让者那里获取该物的有效法律依据的情况。例如，如果取得者窃取、发现或霸占他人的物品，或者根本没有发生任何转让行为（如赠与或继承），那么就不存在善意取得。取得者可能仍然占有该物，但不具有所有权。

在这个假设中，A并没有通过任何可能导致善意取得的转让方式从B那里获得珠宝。A只是拿走了B遗忘的珠宝，未经B的同意或知情。因此，A不能通过善意取得方式获得珠宝的所有权。A

将承担盗窃或侵占的责任，并且应在 B 要求时归还珠宝。假设是错误的。

正确答案应该是假设成立，然而 GPT 却给出了一个错误的答案。仔细看后续的解释不难发现，GPT 认为"A 不能通过善意取得方式获得珠宝的所有权。A 将承担盗窃或侵占的责任，并且应在 B 要求时归还珠宝"，所以事实上 GPT 本应给出正确的答案。对于此类 GPT 无法逻辑自洽的问题，可以通过以下方法来解决。

①角色扮演（role play），即通过赋予大语言模型领域专家的角色，使其在相关领域的任务中表现得更为专业。

②在提示中包含关键的法律背景，使结果更符合预期。

③思维链（chain of thought），即在提示中指示模型逐步思考，然后给出答案。

修改后的提示如下。

你是一位有经验的律师[①]，请判断以下假设是真还是假。

假设：A 拿走了 B 忘记的珠宝，无过失地相信它属于 A。在这种情况下，A 不能通过善意取得获得珠宝的所有权。

前提：该假设发生在中国。[②]

指令：按照以下步骤进行分析（问题、法律规则、应用、结论），然后给出答案。[③]

来看看此时 GPT 给出的答案。

问题：根据中国法律，A 是否能通过善意取得获得珠宝的所有权。

规则：根据《中华人民共和国民法通则》第一百零六条，善意取得是指对不属于所有人或者无处分权的动产，以合理价款从善意者以合法方式取得的行为。但是，这一规则有一些例外情况，例如当动产是丢失、被盗、被抢或者被司法或行政机关没收的。在这些情况下，原所有人可以在知道或者应当知道取得人身份和所在地之日起一年内向取得人追索。

应用：在本案中，A 拿走了 B 遗忘的珠宝，无过失地认为是自己的。这意味着 A 是善意并以合法方式取得的。但是，由于 B 并没有自愿转让或处分珠宝，而只是忘记了，可以认为 B 是丢失了珠宝并仍然保留其所有权。因此，B可以在知道或者应当知道A的身份和所在地之日起一年内向A追索。因此，A不能根据民法通则第一百零六条通过善意取得获得珠宝的所有权。

结论：根据以上分析，在中国法律下，假设成立。

可以看到，此时的GPT给出了正确的答案，并且整个过程做到了引经据典，有理有据。这也说明了提示工程的重要性，只有经过良好设计的提示才能更好地引导大语言模型给出符合预期的结果。

8.3 医疗行业的应用

8.3.1 医疗行业的需求背景和潜在机会

在现代医疗技术广泛应用之前，医疗服务主要通过医疗专业人员和患者之间的面对面交流来提供。传统医疗面临着一些挑战，包括医学研究有限，医疗器械简单，以及医疗方式落后等。例如，患者需要实际出行前往医院或诊所才能获得医疗服务，通过纸质方式记录历史健康信息等。随着时代的发展，技术已逐渐成为现代医疗的重要组成部分，医疗变得更加高效、便捷和个性化，从而改善了患者的预后和整体医疗服务质量。然而，医疗和卫生领域仍然面临着诸多挑战，例如，生物医学数据和文献的指数增长，研究和实践之间的差距，技能医疗人员的短缺，以及卫生需求和偏好的多样性和复杂性。

近来兴起的大语言模型和提示工程是一项充满潜力的技术，有望推动医疗和健康领域更好地应对各种挑战。大语言模型能够从包括医学文献、临床记录、患者反馈和医疗指南在内的海量自然语言数据中学习到复杂的模式和表示。提示工程可以利用大语言模型的潜在知识和能力，并使其适用于各种医疗和健康场景，例如，它可以用于开发智能系统，协助医生做出准确的诊断和提供临床帮助，还可以分析大量的医疗数据并生成报告。此外，它还在药物发现、个性化医疗、患者诊断、医学图像分析、电子健康记录分析、临床决策支持系统和疾病预测等方面有潜在的应用。

❑ 药物研发：如果能在大量药物数据库的基础上训练大语言模型，那么就有可能从这些训练数据集中学习到潜在的相互作用模式和关系，帮助识别和设计出有效的新药物，从而缩短研发时间并降低失败风险。这些新药物也可通过提示工程来进行分析，评估其效力和安全性。

❑ 临床诊断和科研：由于大语言模型具备多个来源的知识，如Cochrane、PubMed 和 WHO，通过提示工程可以快速检索并总结关键的信息，并以简洁易懂的方式呈现。借助提示工程，患者可以获得有效的护理建议；临床医生可以分析医疗记录以及患者提供的症状和病史等信息，为医学诊断提供辅助信息；医学科研人员可以节省文献阅读耗费的时间，跟上最新的医学成果和最佳实践。

❑ 个性化医疗：创建聊天机器人，针对营养计划、运动计划和心理支持提供个性化的建议，促进健康管理；通过识别个体数据中的变异模式，可以为患者选择适合他们的药物，提高治疗的针对性和有效性；通过对大量日常数据的回顾总结，可以帮助用户进行早期疾病发现和预防性治疗，从而提高治愈率并降低治疗费用。

8.3.2　医疗行业的产品案例

医疗保健是一个超万亿美元的大赛道，同时拥有海量专业数据，目前，以 GPT 为代表的大语言模型在医疗保健领域的商业应用空间巨大并获得了资本的青睐。包括医院、生物技术、医疗器械和制药业在内的企业或机构都能通过使用最先进的人工智能技术，对现有的业务进行创新和升级。本小节将探讨一些医疗领域的基于大语言模型和提示工程的应用，以及它们对医疗从业人员、患者和社会的好处。

1. DAX Express: 将 GPT-4 用于病历生成程序

2023 年 3 月,微软公司旗下 Nuance 发布了与 OpenAI 的 GPT-4 集成的支持语音的医疗病历生成应用程序 DAX(Dragon Ambient eXperience)。DAX Express 是第一个将会话和环境人工智能(通过"倾听"医患就诊并做笔记来自动化生成临床文档)与 OpenAI 的 GPT-4 的高级推理和自然语言功能相结合的全自动临床文档应用程序。通过预设的提示模板,DAX Express 可在患者就诊后几秒内自动创建草稿临床笔记,以便立即进行临床审查。该解决方案还与电子病历软件紧密集成。

2. Spot: 一个自然语言 / 语音对话式人工智能对话助手

纽约的一家医疗人工智能初创公司 Hyro,通过 GPT-4 大语言模型打造了 Spot 智能对话助手,以帮助医疗机构构建自己的知识问答库。用户只需将网站、内部文档或其他信息源导入 Spot,就可以获得一个支持文本和语音输入的即用型的对话式人工智能界面。例如,患者可以向 Spot 询问医疗状况、症状、诊断、治疗方案、康复计划、医生推荐等,并获得即时和准确的答案,这些答案都有可靠的支持来源。此外,Spot 还可以根据用户的个人信息、偏好和历史,个性化回答并生成类似人类的富有同理心的对话。

3. MedGPT: 国内首款医疗大语言模型

医联公司于 2023 年 5 月推出 MedGPT,这是一款专注于医疗场景的大语言模型产品,能实现疾病全流程的智能诊疗。MedGPT 基于 Transformer 架构,能整合多种检验、检测模式,首次让线上问诊和医学检查相连。问诊后,MedGPT 会根据需要开具检查项目,患者可通过医联云检验等方式完成。然后,MedGPT 根据问诊和检查数据进行诊断,并制定治疗方案。患者可通过医联互联网医院享受送药服务,MedGPT 还会主动提供用药指导、随访复诊、康复指导等智能化服务。MedGPT 打通了多模态应用,实现了预防、诊断、治疗、康复的一体化诊疗。

8.3.3 典型应用场景（一）：医疗询诊

通用大语言模型能够在各种主题上生成流畅和自然的对话，为提高医疗质量和可及性提供了新的可能性。然而，这些模型却不适合直接用于医疗领域的应用，因为它们往往缺乏提供可靠和有用的医疗建议所需的领域特定知识和准确性。在这种情况下，用户可以从外部的专业医学知识库获取到权威的医学诊疗信息，将其作为上下文信息放入提示中，使得大语言模型具备可靠的医学领域知识，并借助提示工程进行决策，给出诊断建议。接下来演示如何借助提示工程实现一个基于 GPT 的智能医疗询诊的小应用。

首先，用户希望借助 GPT（此处为 GPT-4）从病人的问题中提取出关键词，于是给出如下提示。

有病人提出如下的问题，请从文本中提取出关键词，以帮助我们更好地从疾病库中查找答案。

医生你好，我平时不经常头痛，但最近我老感觉到有一侧头痛，疼痛位置大概是在我右眼和太阳穴区域。现在这次我还伴有重感冒和咳嗽。头痛是今天上午晚些时候发作的，当我咳嗽、摇头或弯腰时，痛得更厉害。在这之前，我大约四个月前有过一次同样的头痛。那一次，它是在下午发作的，持续到第二天早上。更早的时候，我也有过同样的头痛，也是在右侧，持续了一天。我正在服用的药有钙通道阻滞剂和奥美拉唑。我害怕是脑瘤。请您帮我看看是什么情况。

请在下方给出关键词，以逗号的形式分隔。

GPT 给出的回复如下。

关键词：一侧头痛，眼睛和太阳穴后方，感冒和咳嗽，钙通道阻滞剂，奥美拉唑，脑瘤

然后，用户用 GPT 给出的关键词去权威的专业医学疾病库中检索出所有相关疾病的结果，如图 8-1 所示。

尽管用户拿到了所有可能的相关疾病的医学信息（包括疾病名称、病症、医学检查和治疗用药），但是具体的诊断结论还未可知。于是，用户希望 GPT 能帮助分析并给出诊断意见，给出的提示如下。

索引号	疾病	症状	医学检测	治疗药物
1	声带息肉	【'声音嘶哑'，'喉嗓子疼'，'说话困难'，'咳嗽'，'鼻塞'，'喉部肿胀'，'听力减退'，'喉咙有块'，'喉咙感觉紧'，'吞咽困难'，'皮肤肿胀'，'尿潴留'】	【'气管镜和喉镜检查并取活检'，'职业治疗评估（言语治疗）'，'其他诊断程序（访谈；评估；咨询）'，'物理治疗练习（运动）'，'鼻、口腔和咽部的诊断'，'其他物理治疗和康复'，'眼科和耳科的诊断和治疗'】	【'埃索美拉唑（奈索）'，'醋酸倍氢可的松鼻用制剂'，'尼古丁'，'阿扎司琼鼻用'，'苯肾上腺素（杜拉马克斯）'，'雷贝拉唑（阿西法）'，'长春瑞滨（纳维宾）'，'维生素 A'，'阿达木单抗（修美罗）'，'利妥昔单抗'】
2	眼位异常	【'眼球偏斜'，'视力减退'，'双视'，'斜视'，'眼部症状'，'眼部疼痛'，'眼球异常运动'，'眼睑异常运动'，'眼部异物感'，'生长不良'，'头皮外观不规则'，'淋巴结肿大'】	【'眼科和耳科诊断和治疗'，'其他诊断程序（访谈；评估；咨询）'，'眼睑、结膜、角膜的其他治疗程序'，'其他治疗程序'，'眼科检查和评估（眼科检查）'，'其他眼外肌和眼眶治疗程序'，'职业治疗评估（言语治疗）'】	【'阿托品（Uaa）'，'苯肺定（Duramax）'，'环戊托考眼用'，'托品胺眼用'，'地塞米松 - 妥布霉素眼用'，'甲唑胺（Mzm）'，'荧光素'，'奥利司他（Alli）'，'胶体燕麦外用'，'苄青霉素酰多赖氨酸（Pre-Pen）'】
…	…	…	…	…

图 8-1 医学疾病库检索结果示例

\# 病人问题

医生你好，我平时不经常头痛，但最近我老感觉到有一侧头痛，疼痛位置……

\# 医学知识背景

以下是我们从疾病数据库中检索到的相关内容：

疾病：声带息肉

病症：['嗓音嘶哑'，'喉咙痛'，'说话困难'，'咳嗽'，'鼻塞'，'喉部肿胀'，'听力下降'，'喉咙有异物感'，'喉咙感觉紧绷'，'吞咽困难'，'皮肤肿胀'，'尿潴留']

医学检查：['气管镜和喉镜检查并取活检'，'职业治疗评估（言语治疗）'，'其他诊断性程序（访谈；评估；咨询）'，'物理治疗练习（练习）'，'鼻、口腔和咽部的诊断性程序'，'其他物理治疗和康复'，'眼科和耳科诊断和治疗']

治疗用药：['埃索美拉唑（奈索）'，'醋酸倍氯米松鼻用制剂'，'尼古丁'，'鼻用阿扎司琼'，'去氧肾上腺素（达拉马克斯）'，'雷贝拉唑（阿西法）'，'诺雷比霉素（纳维宾）'，'维生素 A'，'阿达木单抗（修美乐）'，'利妥昔单抗']

疾病：偏头痛

病症：['头痛'，'恶心'，'呕吐'，'头晕'，'视力下降'，'记忆障碍'，'视野中有斑点或云状物'，'面部症状'，'失明'，'月经期过长']

……（限于篇幅，此处省略后续条目）

- -

指令
根据上面提供的信息，选出有助于回答病人问题的数据，按以下格式给出答案并给出一条不超过 300 字的简短评论。

疾病：

病症：

医学检查：

治疗用药：

评论：

此时，用户会发现一个问题，由于检索结果过多，如果把它们全都放进一个提示中，将会导致超出模型所能支持的最大文本长度限制（如 GPT-4 的文本长度限制为 32 768 个字符）。考虑到这次的应用场景是从多个数据来源中找到最相关的结果并总结得到最可能的答案，因此，可以采用分治的思想（如图 8-2 所示），将一个大型任务拆分为多个独立的子任务去执行，每个子任务都可以作为用于最终评判的一条证据链。

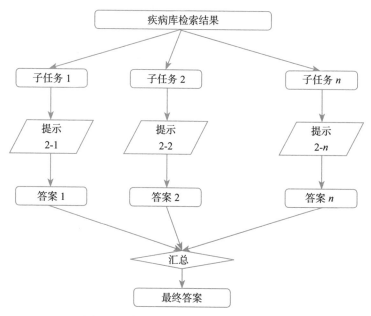

图 8-2　采用分治思想的多路提示链示意

　　首先将从疾病库中检索得到的结果拆分为两个批次，然后分别对每个批次执行上述提示模板，得到如下两个答案。

　　答案 1

　　疾病：偏头痛

　　症状：头痛，位于右眼和太阳穴区域，咳嗽、摇头或弯腰时加剧

　　医学检查：静脉输液，X 光计算机断层扫描（CT 扫描），头部 CT 扫描（头部 CT），磁共振成像（MRI），脑电图（EEG）

　　治疗用药：舒马曲坦（Imitrex），托吡酯（Topamax），普鲁卡因（Compro），利扎曲坦（Maxalt），纳布芬（Nubain），普萘洛尔，埃曲坦（Relpax），米德林，佐米曲坦（Zomig），诺氟沙星

　　评论：根据头痛的描述，最有可能是偏头痛，这是一种主要的头痛病，导致反复发作的中度到重度的疼痛，通常在头部的一侧，常伴有恶心、呕吐、对光和声音敏感以及视觉障碍。偏头痛可以由各种因素触发，如压力、激素变化、天气变化、缺乏睡眠、脱

水、某些食物或药物。感冒和咳嗽可能加剧了偏头痛或起到了触发作用。偏头痛不是由脑瘤引起的，脑瘤很少见，通常有其他症状，如癫痫、人格改变、无力或麻木。但是，为了排除头痛的任何严重的潜在原因，如出血、感染或炎症，可能需要一些医学检查，如血液检查、CT扫描、MRI或EEG。这些检查也可以帮助确认偏头痛的诊断，并排除其他类型的头痛，如丛集头痛、鼻窦头痛或紧张型头痛。偏头痛的治疗涉及预防和急性的策略。预防性药物，如普萘洛尔、托吡酯或诺氟沙星，如果定期服用，可以帮助减少偏头痛发作的频率和严重程度。急性药物，如舒马曲坦、利扎曲坦或佐米曲坦，如果尽早服用，可以帮助停止或缓解偏头痛发作的疼痛和其他症状。其他药物，如普鲁卡因、纳布芬或米德林，可以帮助控制恶心、呕吐或炎症。静脉输液可以帮助纠正脱水，这可能加重头痛。非药物措施，如在黑暗和安静的房间休息，敷冷敷物到头部，或避免触发因素，也可以帮助应对偏头痛发作。

答案2

疾病：原因不明的耳鸣

症状：耳朵里有铃声，听力减退，头晕，耳痛，头痛，耳朵感觉堵塞

医学检查：眼科和耳科的诊断和治疗，磁共振成像（MRI），其他治疗性耳部操作，耳部的诊断性操作

治疗用药：鼻用阿扎司汀，沙美特罗，左西替利嗪（Xyzal），银杏叶提取物（银杏），阿莫曲普坦（Axert）

评论：根据问题，最有可能与右眼和太阳穴区域的单侧头痛相匹配的疾病是原因不明的耳鸣。耳鸣是一种人听到一只或两只耳朵里有铃声或嗡嗡声的情况，这种声音可能是持续的或时有时无的。耳鸣可以由许多因素引起，如耳部感染、噪音暴露、衰老、药物或其他健康问题。有时，耳鸣的原因是不明的。耳鸣可以伴随其他症状，如听力减退、头晕、耳痛、耳朵感觉堵塞和头痛。当人咳嗽、摇头或弯腰时，症状可能会加重，因为这些动作可能会增加耳朵里的压力或影响脑部的血流。要诊断耳鸣，医生可能会进行全面的耳

部检查、听力测试和影像检查，如 MRI，以排除耳朵或脑部的任何结构异常或肿瘤。耳鸣的治疗取决于潜在的原因和症状的严重程度。一些可能有助于减少铃声或嗡嗡声的药物是鼻用阿扎司汀、沙美特罗吸入器、左西替利嗪口服片、银杏叶提取物口服胶囊和阿莫曲普坦口服片。这些药物可能有不同的作用机制，如抗炎、支气管扩张剂、抗组胺、抗氧化剂或 5- 羟色胺受体激动剂，它们可能影响耳鸣涉及的神经信号或血管。然而，这些药物并不能治愈耳鸣，而且可能有副作用或与其他药物相互作用。因此，它们应该在医生的指导下使用。其他非药物治疗耳鸣的方法包括助听器、声音疗法、认知行为疗法和放松技巧。

最后，给出如下提示，比较和综合所有的结果，由 GPT 决定最终的输出。

原始的问题如下：

医生你好，我平时不经常头痛，但最近我老感觉到有一侧头痛，疼痛位置大概是……

已知可能的答案有如下几种：

- -

答案 1

疾病：偏头痛

症状：头痛……

答案 2

疾病：原因不明的耳鸣

症状：耳朵里有铃声，听力减退，头晕……

- -

基于上述信息，选出最好的答案或者综合所有的答案并给出最终的答案。

GPT 给出最终的答案如下。

你右眼和太阳穴区域的单侧头痛，如果咳嗽、摇头或弯腰会加重，很可能是偏头痛。偏头痛是一种头痛的类型，会导致搏动或跳动的疼痛，常伴有恶心、呕吐、对光和声音敏感和视觉障碍。偏头痛可以由各种因素引发，例如压力、荷尔蒙变化、天气变化、缺乏睡眠、脱水、某些食物或药物。你的感冒和咳嗽可能加剧了你的偏头痛或起到了触发作用。偏头痛不是由脑瘤引起的，脑瘤很少见，而且通常有其他症状，例如癫痫、性格改变、无力或麻木。不过，为了排除你头痛的任何严重的潜在原因，例如出血、感染或炎症，你可能需要做一些医学检查，例如血液检查、CT 扫描、MRI或 EEG。这些检查也可以帮助确认偏头痛的诊断，并排除其他类型的头痛，例如丛集头痛、鼻窦头痛或紧张型头痛。偏头痛的治疗包括预防和急性的策略。预防性药物，例如普萘洛尔、托吡酯或诺氟沙星，如果定期服用的话，可以帮助减少偏头痛发作的频率和严重程度。急性药物，例如舒马曲普坦、利扎曲普坦或佐米曲普坦，如果尽早服用的话，可以帮助停止或缓解偏头痛发作的疼痛和其他症状。其他药物，例如普鲁卡因、纳布芬或米德林，可以帮助控制恶心、呕吐或炎症。静脉输液可以帮助纠正脱水，这可能会加重头痛。非药物措施，例如在黑暗和安静的房间休息、敷冷敷剂在头部或避免触发因素，也可以帮助应对偏头痛发作。你在服用任何药物之前应该咨询你的医生，因为它们可能有副作用或与你的其他药物相互作用。你也应该寻求医疗注意，如果你的头痛很严重、持续或与你平常的偏头痛不同，或者如果你有任何中风的迹象，例如突然的无力、麻木、视力丧失或言语困难。你的药物（钙通道阻滞剂和普罗托尼克斯）可能与你的头痛没有直接关系。

通过以上具体的实例，我们可以清晰地看到提示工程在医疗询诊方面的可能性。然而需要说明的是，笔者并非医学领域的专业人士，这里给出的样例仅用于科学研究目的。GPT 是一款基于数据训练的学习模型，可能容易受到偏差的影响，从而导致给出不正确的结论。它们在医学研究和临床环境中的有效性和准确性还有待验证，需要更多的研究和临床试验来证明其在医学行业被完全信任。

8.3.4 典型应用场景（二）：医学影像

医学影像利用不同的技术，如 X 射线、超声波、磁共振成像

（MRI）和计算机断层扫描（CT），创建人体内部结构和功能的视觉表示，如器官、组织和血管。医学影像在临床实践中起着至关重要的作用，因为它可以帮助检测和监测疾病、指导干预和评估结果。然而，医学影像领域也面临许多重大的挑战，例如日益增长的海量数据、图像的复杂性和不确定性、需要专家的解释和标注等。因此，需要一种基于人工智能的解决方案，以自动化、增强和协助医学影像的工作流程。

大语言模型不仅限于文本为基础的领域，同时也可以通过为多模态数据提供自然语言的接口和输出来为医学影像的发展做出贡献。然而，将大语言模型应用于医学影像并不是一个简单的任务，因为它需要弥合文本和视觉模态之间的差距，以及使大语言模型适应特定领域和任务的要求。其中一个关键的挑战是如何为大语言模型提供合适的输入和输出，以从多模态数据中捕捉相关的信息和知识。这也是提示工程最常见的用途之一。

在如图 8-3 所示的例子中，医学图像经过各种专用神经网络处理，生成不同的输出，然后转化为文本描述。这些描述作为视觉和语言信息之间的桥梁，组合成为提示文本作为 ChatGPT 的输入。利用其推理能力和医学领域的知识，ChatGPT 可以提供一个简洁易懂的报告，并针对给定的图像提供交互式的解释和医疗建议。

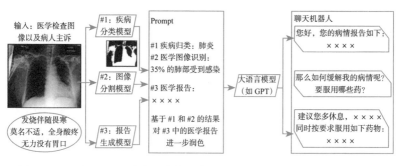

图 8-3 通过提示工程将大语言模型集成到医学影像计算机辅助诊断网络

8.4　金融行业的应用

8.4.1　金融行业的需求背景和潜在机会

金融行业需要快速、准确、可靠地处理大量的数据和信息，包括市场动态、风险评估、投资建议、合规报告、客户服务等，涉及大量的数据分析、报告、预测、风险管理、监管遵从等任务，需要高效、准确、可解释的文本生成和理解能力。传统的数据分析和文本生成方法可能无法满足日益复杂和多样的需求，而且需要大量的人力和时间成本。

在这样特定的行业背景下，GPT 的潜在机会得以显现：GPT 是一种基于深度学习的自然语言生成模型，可以根据给定的上下文或提示，生成连贯和有意义的文本。GPT 具有强大的泛化能力和适应性，可以在不同的领域和任务中进行微调或迁移学习。

GPT 可以利用其强大的自然语言处理和生成能力，为金融行业提供以下方面的价值：

❑ 自动化报告和摘要：GPT 可以根据各种数据源和指标，生成清晰、精练、有洞察力的金融报告和摘要，帮助决策者和投资者快速了解市场动态、业绩表现、财务状况等信息。

❑ 智能预测和建议：GPT 可以根据历史数据和当前情境，生成可靠的预测和建议，如股票价格、市场趋势、投资组合、信用评级等，帮助用户优化金融策略和规避风险。

❑ 风险管理和监管遵从：GPT 可以根据规则和标准，生成风险评估和控制方案，以及符合监管要求的文档和证明，帮助金融机构降低违规成本和声誉损害。

❑ 客户服务和咨询：GPT 可以作为智能助理或顾问，通过自然语言交互，提供个性化、专业、及时的客户服务和咨询，如回答常见问题、解释产品特点、提供投资建议等，提升客户满意度和忠诚度。

然而，金融市场瞬息万变，受到不断变化的宏观事件和微观事件的影响，没有非常单一的规律性。对于大模型来说，如果不能用最新的信息及时更新迭代，其做出的判断很可能失去时效性，增大大模型落地金融领域的难度。

8.4.2　金融行业的产品案例

BloombergGPT 利用了彭博社（Bloomberg）的大量金融和经济数据，以及其专业的新闻编辑和记者的知识与风格，旨在高质量地完成金融领域的自然语言处理任务。BloombergGPT 的诸多优势包括：可以利用 Bloomberg 终端的大量实时数据，参考历史数据和专家分析，以真实数据、可靠事实来驱动文本的生成；利用 Bloomberg News 的高质量内容，学习其编辑指南和写作规范，生成语言流畅、风格统一的文本；拥有情感分析、话题检测、关键词提取等能力，最终能生成条理清晰、有价值传递能力的文本。

FinGPT/FinNLP 是开源的金融领域大语言模型项目，主要用于学术研究，而非开展真实资金的交易。

FinGPT 的突出特点是以数据为中心，以更公开透明的数据助力研究人员和从业人员开发金融领域更先进的大语言模型。FinGPT 有来自不同来源的广泛财务数据，包括财经新闻、公司文件、社交媒体信息和较为专业的财经博客等。

8.4.3　典型应用场景

本小节介绍金融行业中的两个应用场景：基于舆情分析的估值预测和量化交易建议。

1. 基于舆情分析的估值预测

以微软公司为例，为 GPT-4 提供 3 条近期发布的企业新闻，要求大模型据此对微软这家公司的估值进行预测。在提示中，我们让模型认为自己是一名经验丰富的量化交易员，并引导其畅所欲言，根据不同的假设进行分析。

我们给出的具体提示如下。

你是一名拥有 10 年丰富经验的量化交易分析人员，现在有 3

条关于微软的新闻，请据此预测未来一年微软估值的可能走势。请注意，你的预测只是基于新闻内容和假设，不代表任何真实的数据或建议。你可以使用百分比、趋势、上涨或下跌等形容词来表达你的观点。请用中文回答，基于不同的假设进行分析。

--- 新闻1开始 ---

标题：企业级Azure OpenAI GPT-4（国际预览版）服务发布

发布时间：2023年3月23日

作者：Eric Boyd，微软全球副总裁，人工智能平台

内容：

在微软，我们不断发现释放创造力、解放生产力和提高技能的新方法，以便更多人从使用人工智能中受益。这使我们的客户能够使用大规模的人工智能模型来推动其应用程序的创新，更快、更负责任地构建未来。我们与OpenAI的合作以及Azure的强大功能，一直是我们AI发展的核心。

今天，我们很高兴地宣布，企业级Azure OpenAI GPT-4（国际预览版）服务发布。已经使用企业级国际版Azure OpenAI服务的客户和合作伙伴可以申请访问GPT-4，并开始使用OpenAI目前最先进的模型构建应用。通过这个里程碑，基于Azure AI优化的基础设施、企业级可用性、合规性、数据安全和隐私控制，以及与其他Azure服务的多种集成，我们很自豪地为Azure客户带来了世界上领先的AI模型，包括GPT-3.5、ChatGPT和DALL·E 2。

客户今天可以开始申请访问GPT-4服务。所有GPT-4服务的计费将于2023年4月1日开始。

企业级可用的GPT-4

今天的发布允许企业利用先进模型通过企业级国际版Azure OpenAI服务来构建自己的应用程序。

借助生成式AI技术，我们正在为各行业的企业开创新效率。例如，Azure OpenAI服务能够使机器人开发人员使用Power Virtual Agents中的Copilot，以自然语言创建虚拟助手，仅需几分钟即可完成。

GPT-4 具有利用其广泛的知识、问题解决能力和领域专业知识，将此体验提升到全新水平的潜力。借助企业级国际版 Azure OpenAI GPT-4 服务，企业可以使用一个具有额外安全性投资的模型，简化内部以及与客户之间的通信，减少有害输出。

各种规模的公司都在利用 Azure AI。许多公司正在使用企业级国际版 Azure OpenAI 服务部署语言模型到生产环境中，该服务是由 Azure 独特的超级计算和企业能力支持的。解决方案包括从端到端改善客户体验、总结长篇内容、帮助编写软件，甚至通过预测正确的税务数据来降低风险。

客户正在加速采用语言模型

我们只是在探索生成式人工智能技术的表层，并正在努力帮助我们的客户负责任地采用 Azure OpenAI 服务，以带来真正的影响。随着 GPT-4 的问世，Epic Healthcare、Coursera 和 Coca-Cola 计划以独特的方式利用 AI 创新：

Epic 公司研发高级副总裁，Seth Hain 表示："我们对 GPT-4 的研究显示了它在医疗保健领域的巨大潜力。我们将利用它帮助医生和护士减少花费在键盘上的时间，而以更具对话性和易于使用的方式帮助他们研究数据。"

Coursera 工程高级副总裁，Mustafa Furniturewala 表示："Coursera 正在使用 Azure OpenAI 服务在其平台上创建一个新的 AI 驱动的学习体验，使学习者能够在整个学习过程中获得高质量和个性化的支持。Azure OpenAI 服务和新的 GPT-4 模型将共同帮助全球数百万人更有效地在 Coursera 上学习。"

可口可乐公司数据和人工智能高级总监，Lokesh Reddy Vangala 表示："作为一家消费品公司，我们无法用言语表达我们对 Azure OpenAI 带给我们无限机遇的兴奋和感激之情。有了 Azure 认知服务作为我们数字服务框架的核心，我们利用 OpenAI 的文本和图像生成模型的变革性力量来解决业务问题和构建知识中心。但正是 OpenAI 即将推出的 GPT-4 多模态能力的巨大潜力真正让我们感到惊叹和惊奇。在营销、广告、公共关系和客户关系方面的可能性是无限的，我们迫不及待地想成为这项革命性技术的领先者。我们知道我们的成功不仅仅取决于技术，还需要有正确的企业功能。这就是为什么我们自豪地与 Microsoft Azure 建立了长期合作伙伴关系，确保我们拥有所有必要的工具，为我们的客户提供卓越的体验。Azure OpenAI 不仅是尖端技术，更真正地改变游戏规则，我们很荣幸能成为这段不可思议旅程的一部分。"

微软对负责任的 AI 的承诺

正如我们在之前的博客中所描述的那样，微软采用了分层方法来管理生成模型，遵循微软的负责任 AI 原则。在 Azure OpenAI 中，一个集成的安全系统提供了保护，防止不良输入和输出，并监测滥用行为。除此之外，我们还为客户提供指导和最佳实践，以负责任的方式构建使用这些模型的应用程序，并期望客户遵守 Azure OpenAI 行为准则。

随着 GPT-4 的推出，OpenAI 的新研究进展使得额外的保护层成为可能。在人类反馈的指导下，安全性直接内置于 GPT-4 模型中，这使得模型更有效地处理有害输入，从而降低了模型生成有害响应的可能性。

开始在 Azure OpenAI 服务中使用 GPT-4。

填写表单，申请 GPT-4 访问权限。

在 Microsoft Learn 中开始学习 Azure OpenAI Service 的 GPT-4。

阅读合作伙伴公告博客，授权使用 Azure OpenAI Service 中的 ChatGPT 开发 AI 应用和体验。

学习如何在 Azure OpenAI Service 中使用 Chat Completions API（国际预览版）和 ChatGPT、GPT-4 模型版本。

—结束—

关于微软公司

微软（纳斯达克上市代码"MSFT"）致力于成就"智能云与智能边缘计算"时代的数字化转型，予力全球每一人、每一组织，成就不凡。

--- 新闻 1 结束 ---

--- 新闻 2 开始 ---

标题：微软推出"智能副驾"（Copilot），您的人工智能日常助手

发布时间：2023 年 9 月 21 日

作者：微软公司副总裁兼消费品类首席营销官尤瑟夫·梅迪（Yusuf Mehdi）

内容：

我们正在步入一个全新的人工智能时代，当下，我们与科技之间的关系以及我们从科技中受益的方式正在从根本上发生改变。伴随着人机聊天互动与大语言模型的相互融合，如今这项技术已经聪明到可以让您使用自然语言询问想要了解的事物，并针对您的提问进行回答、创作或进行反馈。在微软看来，这就像是有一位智能副驾在帮助完成各种任务。一直以来，我们都在致力于开发由人工智能驱动的辅助功能，并将其带入到常用或广受欢迎的产品中，例如：通过 GitHub 让编程变得更高效；借助 Microsoft 365 提高工作效率；以及通过 Windows 将您的 PC 与各种应用程序有机地结合在一起。

今天，我们将迈出下一步，将这些功能合并成一项体验，我们称之为微软智能副驾（Microsoft Copilot）1，它是您工作中的人工智能日常助手。智能副驾 1 将以其特有的方式，在确保您数据的隐私与安全的前提下，集成互联网上的内容与智能，结合您的工作数据以及您当前正在 PC 上所做的事情，为您提供更好的辅助。这将是一种简单快捷的无缝式体验，并将通过 Windows 11 和 Microsoft 365 免费提供。它将像一个应用程序一样地运行，或是在您需要帮助的时候，只需您点击右键即可显现。而且，后续我们还将持续为智能副驾 1 引入新的功能并将其连接添加至我们常用的应用程序中，以实现我们的愿景——为您提供能够贯穿始终的统一体验。

微软全球版智能副驾 1 将自 9 月 26 日起，随着更新的 Windows 11 以初期版本形式推出，并将于今年秋季在 Microsoft 365 智能副驾 1 中集成。我们还将宣布一些令人兴奋的全新体验和设备 1，以帮助您提高工作效率、激发创造力，满足用户和企业的日常需求。

凭借超过 150 项全新功能，接下来即将推出的 Windows 11 更新将是我们迄今为止规模最为庞大的更新之一，将把智能副驾 1 的力量和全新人工智能体验带入到您的 Windows PC，并融入到画图、照片、Clipchamp 等应用程序中。

全球版 Microsoft 365 智能副驾 1 将于 2023 年 11 月 1 日起面向企业用户提供服务，并同时推出 Microsoft 365 Chat1，这是一款全新的人工智能助手，将彻底改变您的工作方式。

此外，我们还推出了功能强大的全新 Surface 设备，为您带来人工智能体验，并即将开启预售和预订。

Windows 11 更新带来超 150 项全新特性，为 PC 引入智能副驾 1 的强大功能

今天，我们很高兴与大家分享我们的后续规划——Windows 11 将于 9 月 26 日开始推出更新，为用户提供比以往更具个性化的体验，使之成为优秀的人工智能体验中心。

以下为本次 Windows 11 更新中的部分新功能。

Windows 智能副驾 1（预览版）将原本复杂的任务进行简化，帮助您更加快速地进行创作，让您能够更加轻松地完成任务，并减轻您的认知负荷。

画图工具在人工智能的加持下，其绘画和数字创作能力得到了增强，新增了背景和图层移除功能。

照片应用也借助于人工智能得到了加强，增加了新的功能，让编辑照片变得轻而易举。例如，使用"背景模糊"功能，您可以轻松、快捷地突出照片主题。照片应用会自动识别照片中的背景，您只需轻轻单击，即可立即凸显出您的拍摄对象并对背景进行模糊处理。

截图工具现在提供了更多截取屏幕显示内容的方式。通过此次更新，您可以从图像中提取特定文本内容，并将其粘贴到其他应用程序中；或者在截屏后使用"文本编辑（text action）"功能轻松保护您的相关敏感信息。此外，通过由音频和麦克风支持的声音捕捉功能，您可以更轻松地利用屏幕内容创造引人入胜的视频和内容。

Clipchamp 现具有自动合成功能，它可以根据您的图像和视频素材自动提供场景建议、进行视频编辑，并为视频添加旁白，让您可以像专业人士一样创作和编辑视频，并与家人、朋友共享，或分享到社交媒体平台。

记事本将能够自动保存您的记事笔记进程。您可以随时关闭记事本，并在返回应用程序时继续工作，不必中断。记事本将自动还原先前打开的标签页和未保存的内容，以便您能够继续在不同标签页之间进行编辑切换。

在新的 Outlook for Windows 中，您可以在一个应用程序中登录并管理多个电子邮件帐户。同时，智能化工具可以帮助您更轻松地撰写清晰简洁的电子邮件。

新版文件资源管理器带来了现代化的文件资源管理器主页、地址栏和搜索框，帮助您更轻松地访问重要的相关内容，随时了解文件的状态，甚至无需打开文件即可进行协作。文件资源管理器还将引入一个新的"图库"（Gallery）功能，旨在让您轻松访问照片集。

新增了"基于语音访问的文本修正体验"（text authoring experiences to voice access）1 以及全新的讲述人"自然语音"（natural voices）功能 1。这一更新延续了我们持续推动 Windows 11 无障碍化设计创新的承诺。

自 9 月 26 日开始，包括 Windows 智能副驾 1 在内的一系列全新体验将在 Windows 11 22H2 版本中向公众推出。

借助全球版 Microsoft 365 智能副驾 1 和 Windows 重塑工作体验

今年 3 月，我们为您展示了如何仅依靠日常对话用语，即可借助 Microsoft 365 智能副驾 1 在 Word、Excel、PowerPoint、Outlook 和 Teams 这些每天都有数以百万人在工作生活中使用的应用程序上完成相关操作。通过数月以来与 Visa、通用汽车、毕马威和 Lumen Technologies 等客户的共同探索和研究，我们在此激动地宣布，全球版 Microsoft 365 智能副驾 1 将于 2023 年 11 月 1 日正式面向企业用户提供服务。

今天，我们还在 Microsoft 365 智能副驾 1 中引入了一个全新的核心体验：Microsoft 365 Chat1。您在今年三月的演示中已经见到了 Microsoft 365 Chat1 的冰山一角，当时它被称为 Business Chat。在过去的几个月里，它取得了飞速发展，并提升至了一个全新的高度。Microsoft 365 Chat1 可以梳理检索您工作中的全部数据，包括电子邮件、会议、聊天、文档等，以及网络上的各种信息。它就像您的助手一样，对您本人、您的工作、您的优先事务，以及您所在的企业机构非常了解。它不仅可以回答简单的问题，还能帮助您快速完成复杂、烦琐的任务，如：撰写策略文档、预订商旅行程或跟进电子邮件等。

在过去几年里，人们的工作节奏与强度只增不减。在一个工作日内，我们最繁忙的用户平均需要检索 18 次，收到超过 250 封 Outlook 电子邮件，并发送或阅读近 150 条 Teams 聊天信息。全球范围内，Teams 用户每周参加的会议数量相比 2020 年增加了三倍。而在 Windows 上，有些人一天内就需要使用 11 个应用程序来完成工作。Microsoft 365 Chat1 可以帮您简化这些复杂的工作，消除这些繁杂的任务，帮助您节省工作时间。拥有预览体验资格的用户今日起就可以使用您的工作账户进行登录，在 Microsoft365.com、Teams 中使用该功能。未来，只要在登录工作账户时看到智能副驾 1 图标，您就随时使用此功能。

为了提升您的工作效率，我们还在 Outlook、Word、Excel、Loop、OneNote 和 OneDrive 中引入了智能副驾 1 的新功能。作为本次 Windows 11 重大更新中的一部分，Windows 365 Switch 和 Windows 365 Boot 也将全面推出，让您能够更加便捷地访问您的 Windows Cloud PC。它可以帮助员工们实现更多目标，同时也能让 IT 部署、管理和保护变得更加简单。您可以参阅 Microsoft 365 的博客，了解更多关于 Microsoft 和 Windows 将如何改变我们工作方式的信息。

在 Microsoft 365 中，通过 Designer 和智能副驾 1 释放生产力、挥洒创意

Designer 是我们 Microsoft 365 消费类应用程序家族的最新成

员，它采用了先进的人工智能技术，能够帮助您快速创建令人印象深刻的视觉图像、社交媒体推文、邀请函等内容。今天，我们展示了更多强大的新功能，其中许多功能都是由 OpenAI 的 Dall.E 3 模型提供支持，如：生成式扩展（Generative expand）可以利用人工智能来扩展您的图像；生成式填充（Generative fill）可以为图像添加新的内容或背景；而生成式抹除（Generative erase）可以删除不需要的内容。Dall.E 3 模型很快就将被引入 Designer 中，助力图像生成体验力，让您可以在几秒钟内把原创的、更高质量的图像轻松添加入您的设计当中。

我们还将 Designer 集成到面向消费者的 Microsoft 365 智能副驾 1 中。以 Word 为例，Designer 可以通过文档的上下文来生成可供选择的视觉图像，您也可以上传自己的照片，使其更加个性化。在很短的时间内，您就可以将一个纯文本的文档变得图文并茂。我们目前正在小范围内的 Microsoft 365 订阅者中测试 Microsoft 365 智能副驾 1，并期待日后能够将预览版推广到更多用户。70% 的创作者都告诉我们，创作开始之初是整个创作过程中最困难的部分。借助 Designer 等创意工具，以及 Clipchamp 和画图工具，您现在通过一些简单的提示语就可以立即获得几乎任何内容的视觉草图。

微软推出全新 Surface 设备，即将面向个人和企业用户开启预售和预定

想要探索微软所有令人难以置信的人工智能体验，没有比全新的 Surface 设备更好的平台了。Surface 一直走在设备性能和处理器技术的前沿。我们一直在关注硅芯技术进步，以推动下一波人工智能创新浪潮，例如在 Surface Pro 9 5G 版本上提供 Windows Studio Effects5 体验，并持续提高性能，以便通过全新的 Surface Laptop Studio 2 等性能强大的设备来运行最新的人工智能体验。

全新 Surface Laptop Studio 2 是迄今为止最强大的 Surface。其搭载最新的英特尔®酷睿™处理器和专为创作者设计的先进的英伟达® Studio 工具，拥有明亮炫丽的 14.4 英寸 PixelSense™ Flow 触控屏和可灵活切换三种使用模式的设计，将创作的多功能性和强

大的性能融为一体。同时，Surface Laptop Studio 2 的触控板极具包容性，优化了用户的无障碍体验。

全新 Surface Laptop Go 3 兼备时尚风格和出色性能，是微软迄今为止最轻便、最便携的 Surface 笔记本电脑。Surface Laptop Go 3 配备触控屏显示器，具有卓越的打字体验和指纹识别开机按钮等高级功能，并提供四种时尚配色。凭借英特尔®酷睿™ i5 处理器的性能、长效电池续航以及强劲的内存和存储选项，Surface Laptop Go 3 是一台出色的日常使用笔记本电脑，也是微软最新人工智能工具的应用平台。

Surface Go 4 商用版是微软迄今为止最为便携的 Surface 二合一设备。今年秋季，全新的 Surface Go 将专为企业用户提供，满足一线工作人员和教育工作者日益增长的需求。我们迫不及待地想看到它将如何帮助企业实现现代化并提高用户的工作效率。

Surface Hub 3 是由微软倾力设计，专为混合办公而打造的性能出色的协作设备。用户在 50 英寸或 85 英寸的屏幕上体验 Windows 的 Microsoft Teams Rooms 的感觉既熟悉又直观。50 英寸的 Surface Hub 3 新增了纵向模式（Portrait）1、智能旋转（Smart Rotation）1 和智能 AV（Smart AV）1 功能，带来了全新的协同创作的方式。人工智能增强型协作工具（例如 Cloud IntelliFrame 和 Whiteboard 中的 Copilot1）也将在 Surface Hub 3 上大放异彩。

用于 Surface 触控笔的 3D 打印自适应笔手柄 1 已正式加入到微软自适应配件阵容中，使更多的人能够参与到数字墨迹书写和创作之中。

欲了解有关今日发布新品的更多信息，敬请访问 Microsoft.com 或 Surface for Business 网页。

来自微软智能副驾 1 的人工智能新时代已经到来，待您加入

我们相信微软能够将强大、更高效的人工智能体验以简单、安全和负责任的方式融入到您常用的产品中。今天，我们向您展示了我们如何在提高这些体验的实用性的同时，还扩展了更多的体验。Windows 11 可以提供卓越的人工智能体验，让人们能够在工作、

学校和家庭中使用；Microsoft 365 是非常值得信赖的生产力套件。而这些都汇聚在 Surface 等 Windows 11 PC 上，通过智能副驾 1 帮助您完成工作、进行创作、并与您关心的人或周围的世界保持联系。我们迫不及待地想看到您可以用到这些创新体验来成就更多。

如欲了解更多信息，请参阅 Microsoft 365 博客和安全博客。请查阅我们的微网站获取与今日发布相关的所有博客文章、视频和素材。

--- 新闻 2 结束 ---

--- 新闻 3 开始 ---

标题：欢迎动视暴雪和 King 加入 Xbox！

发布时间：2023 年 10 月 14 日

作者：菲尔·斯宾塞，微软游戏 CEO

内容：

我们热爱游戏。我们享受游戏，我们创造游戏，我们深知游戏对于每名个体及整个社区的重要性。今天，我们正式欢迎动视暴雪及其团队加入 Xbox。纵观游戏历史，从主机到 PC，再到移动平台，他们发行了一系列广受欢迎游戏做品牌。从《Pitfall》到《使命召唤》，从《魔兽世界》到《守望先锋》，从《糖果缤纷乐》到《农场英雄传奇》，他们的工作室不断拓展游戏的边界，为全球玩家带来了很多精彩的作品。

一直以来，我对动视、暴雪和 King 所取得的成就以及他们对游戏、娱乐和流行文化所产生的影响倍感钦佩。无论是与朋友一起通宵达旦地在《暗黑破坏神 4》的地下城里探索；还是一家人齐聚娱乐室共度每周的《吉他英雄》之夜；亦或是在《糖果缤纷乐》中不断地刷新连胜纪录，他们工作室的游戏给我留下了很多难忘的游戏时刻。能够在此欢迎如此传奇的团队加入 Xbox，真是令人难以置信。

作为一个团队，我们将一同持续探索、创新，并继续履行我们的承诺，将游戏的乐趣和社区带给更多的人。我们身处让每个人都能充分发挥自身潜力的文化氛围当中，以"全民游戏（Gaming for Everyone）"这一长期承诺为中心，欢迎所有人的加入。我们在 Xbox 所做的一切都注重包容性，从我们的团队、我们制作的产品和我们讲述的故事，到我们的玩家与其他及整个广阔的游戏社区之间的互动方式，涵盖方方面面。

　　共同携手，我们将一起创造新的世界和故事，将您所喜爱的游戏带到更多地方，以便更多玩家加入，并以新颖创新的方式让玩家能够以他们喜欢的方式畅玩游戏，包括移动平台、云游戏 1 等。

　　一直以来，我们所做的一切都以玩家为中心。随着我们的发展，我们将继续以玩家为中心，倾听您的反馈，建立一个自有的社区，在这里您可以尽享轻松自在，开发者们可以各尽所长，并持续制作真正有趣的游戏。正如我们所承诺的，我们还将继续在更多的地方提供更多的游戏——正如我们向欧盟委员会做出的承诺，从现在开始，身处欧洲经济区的云端流媒体提供商和玩家能够通过远程串流的方式畅玩动视暴雪的游戏。今天起，我们将开始着手将深受玩家喜爱的动视、暴雪和 King 的系列游戏引入 Game Pass2 和其他平台。我们将在未来几个月与您分享更多关相关游戏信息。我们知道您很激动，我们同样如此。

　　对于喜爱动视、暴雪和 King 游戏的数百万粉丝，我们想告诉您，今天是一个玩游戏的好日子。您是这些系列作品的核心和灵魂，我们很荣幸能够拥有您成为我们社区的一部分。无论您是在 Xbox、PlayStation、任天堂、PC 还是移动平台上玩这些游戏，您都将受到我们的热烈欢迎，并且将一直受到欢迎。即便您不是在 Xbox 主机平台上游玩您所喜爱的游戏系列，我们也同样欢迎。因为"全民游戏，人人赢家（When everyone play, we all win）"。我们相信今天的消息将创造更多玩游戏的可能性。感谢您的持续支持，我们在未来几个月里还有很多值得期待的事情将与您分享——我对未来倍感兴奋，迫不及待地与您分享。

　　具体功能因所处市场不同而有所差异。

　　Game Pass 暂不提供中国大陆地区服务。

　　--- 新闻 3 结束 ---

请你先对新闻内容进行总结，再根据不同的假设，对微软这家公司的估值进行预测。

GPT-4的回答是：

新闻内容总结：

❏ 新闻1：微软发布了企业级Azure OpenAI GPT-4（国际预览版）服务，向客户提供了世界上最先进的大规模人工智能模型，以及企业级的可用性、合规性、数据安全和隐私控制。微软还分享了一些客户如何利用这项服务来创新应用程序和提升效率的案例，并表达了对负责任人工智能的承诺。

❏ 新闻2：微软推出了"智能副驾"（Copilot），一款人工智能日常助手，集成互联网上的内容与智能，结合用户的工作数据和当前正在PC上所做的事情，为用户提供更好的辅助。这款产品将通过Windows 11和Microsoft 365免费提供，并将引入新功能和集成到常用应用程序中。微软还宣布了Windows 11的更新，引入了超过150项全新特性和人工智能体验，包括画图、照片、Clipchamp等应用程序；以及全球版Microsoft 365智能副驾1和Microsoft 365 Chat1的发布，为企业用户提供更简单、更快速、更创新的生产力解决方案。此外，微软还推出了全新Surface设备，包括Surface Laptop Studio 2、Surface Laptop Go 3、Surface Go 4商用版等。

❏ 新闻3：微软正式欢迎动视暴雪及其团队加入Xbox。动视暴雪是游戏行业的领导者之一，拥有多个知名品牌和系列作品，如《使命召唤》《魔兽世界》《糖果缤纷乐》等。微软表示将与动视暴雪一起探索创新，并将他们所制作的游戏带到更多平台和玩家，并开始着手将他们的游戏引入Game Pass和其他平台。微软也重申了对所有玩家和平台的包容性和欢迎。

假设一：市场对于人工智能技术发展持乐观态度，并认为该技术可以为各行各业带来巨大价值。

预测：在这种假设下，市场可能会对微软持积极评价，并认为其在人工智能领域具有领先优势和竞争力。尤其是与 OpenAI 的合作以及 GPT-4 模型的发布，显示出微软在大语言模型方面具有强大的技术实力和创新能力。此外，"智能副驾"这样的产品也展现出微软如何将人工智能与其核心业务相结合，并为用户提供更高效、更便捷、更个性化的体验。因此，在这种假设下，市场可能会预期微软未来一年内可以通过人工智能技术开拓更多市场机会和增长点，并增强其盈利能力和品牌影响力。因此，我们可以预测，在这种假设下，未来一年内，微软公司估值可能上涨 10% 至 15%。

假设二：市场对于游戏行业持谨慎态度，并认为该行业面临激烈竞争和法规风险。

预测：在这种假设下，市场可能会对微软持保守评价，并认为其收购动视暴雪是一个高风险高回报的投资决策。虽然动视暴雪拥有众多忠实粉丝和成功 IP，但也存在着员工福利问题、社区不满情绪和监管挑战等问题。因此，在这种假设下，市场可能会质疑微软收购动视暴雪是否符合其长期战略目标，并关注收购后是否能够有效整合资源并实现协同效应。同时，市场也可能会担心收购动视暴雪会影响到 Xbox 在其他平台上建立良好关系并扩大用户群体的努力。因此，我们可以预测，在这种假设下，未来一年内，微软公司估值可能保持稳定或略有波动，当中取决于收购动视暴雪后所带来的实际效益与挑战。

GPT-4 总结了三条新闻的要点，提出了市场对于微软在人工智能行业和游戏行业两个领域的商业行为可能存在的不同反应，并依次讨论了两种假设情况下微软估值可能受到的影响，为投资者进一步判断提供了参考。

2. 量化交易建议

量化交易是将数学模型、统计分析与计算机技术相结合，通过分析历史数据中"大概率"可能带来大规模收益的交易机会，系统地分析、设计、执行交易策略的过程。量化交易旨在通过对市场数据的客观、科学、规范的处理，尽可能消除人为情绪和主观判断的负面影响，提高交易效率和收益率，降低风险和成本。

大语言模型能够对金融文本数据进行理解、生成、优化等操作，从而辅助量化交易的各个环节。例如：

❑ 可以对金融新闻、报告、公告等文本执行摘要、分类、情感分析等任务，帮助量化交易者快速获取市场信息和动态，发现潜在的影响因素和机会；

❑ 可以根据给定的条件或目标，自动生成或优化交易策略、指标、参数等内容，帮助量化交易者提高策略设计的效率和质量；

❑ 可以对历史数据或实时数据进行模拟和预测，生成可能的未来走势或场景，帮助量化交易者评估风险和收益，并调整策略和仓位；

❑ 可以与人类交互，在自然语言形式下回答问题、提供建议或解释原因，帮助量化交易者理解和使用复杂的模型和算法。

大模型辅助量化交易有以下几个优势：

❑ 可以利用海量且多样的文本数据源作为输入，提高数据利用率和覆盖面，并且能够捕捉文本中隐含的语义和逻辑关系；

❑ 可以通过预训练和微调适应不同量化交易者的需求，能持续学习最新的量化交易策略；

❑ 可以生成自然流畅且富有逻辑性的文本输出，与人类进行自然对话，便于量化交易者根据大模型的建议做出最终的交易决定。

下面使用角色扮演的技巧，尝试让 GPT-4 给出一些简单的量化交易建议，提示如下。

你是一名经验丰富的量化交易员，在不构成任何实际投资建议或策略的前提下，请根据下面的资料给出一些量化交易建议。

❑ 数据源：美股

❑ 目标变量：未来 5 个交易日内的累计收益率

❑ 条件：预期风险在 10% 以内，最大回撤不超过 15%，每日

换手率不超过 10%

❑ 输出：10 只股票代码，买卖方向（多 / 空），仓位大小（百分比）

GPT-4 的输出如下。

以下是一个可能的策略输出：

股票代码	买卖方向	仓位大小
AAPL	多	15%
MSFT	多	15%
AMZN	多	10%
FB	空	10%
TSLA	空	10%
JPM	多	8%
WMT	多	8%
BABA	空	8%
NFLX	空	8%
DIS	多	8%

策略说明：

❑ 这个策略的基本思路是根据股票的相对强度和趋势来选取多空方向，同时考虑到风险控制和交易成本的因素，对仓位大小进行调整。

❑ 具体来说，首先计算各股票在过去一年内相对于标普500 指数的超额收益率，并按照从高到低的顺序进行排序，选择前20% 的股票作为多头候选，后 20% 的股票作为空头候选。

❑ 其次，对每只候选股票进行趋势分析，使用移动平均线或者其他技术指标来判断其当前的走势是否符合预期的方向。例如，多头候选中，如果股价处于上升通道或者高于其长短期均线，则认为其趋势为正；反之，则认为其趋势为负。同理，空头候选中，如果股价处于下降通道或者低于其长短期均线，则认为其趋势为负；反之，则认为其趋势为正。

❑ 接着，在符合趋势条件的候选股票中，根据其过去一年内的波动率或者其他风险指标来分配仓位大小。一般来说，波动率越高的股票，仓位越小；波动率越低的股票，仓位越大。同时，在分配仓位时要注意保持多空两边的总权重平衡，并且不超过100%，以避免过度杠杆或者流动性风险。

❑ 最后，在每个交易日结束时，根据当日收盘价计算各股票的实际收益率和换手率，并根据预定的条件进行调仓或止损操作。例如，在未来5个交易日内，如果某只股票达到了预期收益目标或者超过了最大回撤限制，则平掉该股票并重新分配资金；如果某只股票出现了明显逆转信号或者违反了原始趋势判断，则停止持有该股票并寻找新的机会；如果某天换手率超过了20%，则考虑减少交易频率或者优化交易方式。

❑ 需要注意的是，这个策略只是一个简单示例，并不代表实际投资建议。在实际应用中，还需要考虑更多因素和细节，如市场环境、行业分析、基本面信息、数据质量、信号稳定性、回测验证等。此外，在美国市场上做空也需要遵守相关规则和限制条件。

8.5 应用实战：基于ChatGPT的医学询诊

智能医学询诊是指用户通过文字或语音向机器人提出自己或他人的症状、疾病、治疗等相关问题，机器人给出专业、准确、友好的回答或建议。这样可以帮助用户节省时间、成本、精力，也可以缓解医生的工作压力，提高医疗服务质量和效率。

然而，要实现一个高质量的医学询诊系统，并不简单。它需要具备以下几方面的能力。

1）理解用户提问的意图和需求，分析用户问题中包含的关键信息，如主诉、既往史、过敏史等。

2）根据用户问题检索相关知识库或数据源，找到最佳答案或建议。

3）生成自然、流畅、合适的回答文本或语音，考虑回答内容的正确性、完整性、可信度等因素。

4）与用户进行交互式沟通，根据上下文适当引导用户提供更多信息或进行操作，如询问细节、给出预约提示等。

本节练习利用 GPT 模型构建一个基于 ChatGPT 的医学询诊系统。

GPT 模型虽然强大，但并不是万能且无所不知的。它只能根据已经看到过（即在预训练数据集中存在）或者类似（即在预训练数据集中有相似情境）的输入输出进行推理和生成。而医学领域是一个非常专业且动态变化快速更新的领域，很多医学知识或数据来源（如药品说明书、治疗指南等）都不在 GPT 模型所接触过或掌握过的范围内。这就可能导致以下两个问题：① GPT 无法给出正确有效、合理专业可信的回答；② GPT 的回答与用户问题相关性低或者回答不完整。

因此，我们需要引入一些额外的组件来弥补这些缺陷，需要将医学领域相关知识库或数据源接入到系统中，作为补充信息提供给 GPT，还需要以下这些组件完成这一复杂功能。

1）段落切分 / 索引构建：将拥有或可以获取到得医学相关知识库或数据源转换成方便检索并适合作为上下文使用得格式。

2）意图分类：将病人的问题分为不同类别，如症状咨询、药物副作用等。

3）搜索：根据病人的问题，用之前构建好得索引来检索文章内容，并返回最佳匹配得段落。

4）请求 GPT：将搜索结果插入提示中输入 ChatGPT 里。

工程化实现方面，本节使用 Jupyter 实现了一个简单的医疗询诊助手，下面进行简要介绍。代码和数据详见：https://businessai.visualstudio.com/Business%20AI%20China/_git/ATPPromptEngineering?path=/17_AppPractice_4。

8.5.1 环境配置

使用 python3.9+conda 创建一个本地环境：conda create pip

python=3.9 -n gpt-docter，并使用 pip 安装并导入所需要的 library，同时配置 Azure OpenAI API，如图 8-4 所示。

```
from text2vec import SentenceModel
from annlite import AnnLite
from docarray import DocumentArray
import openai
import pandas as pd
import numpy as np
import wikipedia
import json
import random
import pickle
import copy

openai.api_type = "azure"
openai.api_base = "https://apiforaigccourse.openai.azure.com/"
openai.api_version = "2023-03-15-preview"
openai.api_key = "xxxxx"
```

图 8-4　环境配置

8.5.2　数据下载和处理

这里使用了 3 个公开的数据集：

❑ 药物、副作用和医疗状况数据集：https://www.kaggle.com/datasets/jithinanievarghese/drugs-side-effects-and-medical-condition?resource=download

❑ 疾病、症状知识库：https://github.com/Kent0n-Li/ChatDoctor/blob/main/format_dataset.csv

❑ 医疗对话数据集：https://drive.google.com/file/d/1lyfqIwlLSClhgrCutWuEe_IACNq6XNUt/view?usp=sharing

以药物副作用数据集为例，使用 MiniLM 将数据向量化并使用 AnnLite 创建 ANN 索引，如图 8-5 所示。

```
def create_ann_index(df, embed_size, index_path):
    embedding_df = copy.deepcopy(df)
    docs = DocumentArray.empty(len(df))
    doc_ids = []
    for doc in docs:
        doc_ids.append(doc.id)
    embedding_df.insert(len(embedding_df.columns), "embedding_id", doc_ids, True)
    embedding_list = []
    for index, row in embedding_df.iterrows():
        embedding_list.append(row["embeddings"])
    docs.embeddings = np.array(embedding_list)

    ann = AnnLite(embed_size, metric='cosine', data_path=index_path)
    ann.index(docs)
    return ann, embedding_df
```

图 8-5　创建索引

8.5.3 编写提示完成问答功能

首先是意图识别提示，如图 8-6 所示，将意图分为 Open Q&A,
Symptom Description 和 Side Effect Q&A 三类。

```
In [12]:    def intent_classification(query):
                context = f"""You are a docter, a patient come to you and ask questions. Please decide whether this is a open Q&A, sympto

            For open Q&A, the patient is asking some common sense medical questions. For symptom description, the patient described his s

            Let's think carefully step by step. Here are some example:
            Question: What is Daybue used to treat?
            Intent: open Q&A

            Question: What is the difference between bacteria and viruses?
            Intent: open Q&A

            Question: Can chicken soup help a cold go away?
            Intent: open Q&A

            Question: Doctor, I'm experiencing pain, swelling, and redness in my leg. My doctor suspected it might be thrombophlebitis. W
            Intent: symptom description

            Question: Doctor, I have been experiencing severe stomach pain, nausea and vomiting, and diarrhea. I fear it might be an infe
            Intent: symptom description

            Question: Hi doctor, I have been having trouble sleeping for the past month. I find it difficult to fall asleep and even when
            Intent: symptom description

            Question: Are there side effects for paracetamol drug?
            Intent: side effect Q&A

            Question: What is the side effect of taking drug Acne?
            Intent: side effect Q&A

            Question: Is there any side effect for taking Bronchitis?
            Intent: side effect Q&A

            Question: {query}
            Intent:"""
                return get_gpt4_response(context)

In [11]:    intent_classification("I've been coughing a lot lately, my nose is running and I have a headache. What should I do?")

Out[11]:    'symptom description'

In [15]:    intent_classification("What is decongestants used to treat?")

Out[15]:    'open Q&A'
```

图 8-6　意图识别

其次，编写针对病人描述提供诊疗意见的提示，如图 8-7 所
示，分为 3 步。

第 1 步，搜索疾病症状 ANN 索引和医疗问答 ANN 索引，找到
跟病人描述相关的医学知识和以往诊断意见。以检索结果为 context
生成相关回答。

第 2 步，编写开放性医疗问答的提示，如图 8-8 所示，又分为
以下几步。

❑ 提取病人问题中的关键词。

❑ 使用 wikipedia API 搜索关键词相关的页面。

❑ 基于 wikipedia 内容，生成回答。

```
In [16]:  def symptom_handler(query, disease_symptom_index, health_care_index, embedding_model,
                              top_n_knowledge, disease_symptom_df, health_care_df):
              disease_symptom_df = search_ann_index(
                  disease_symptom_index, query, embedding_model, top_n_knowledge, disease_symptom_df)
              health_care_df = search_ann_index(
                  health_care_index, query, embedding_model,top_n_knowledge,health_care_df)

              disease_symptom_df = "\t".join(["disease", 'symptom', 'TestsAndProcedures', 'commonMedications'])
              for index, row in disease_symptom_df.iterrows():
                  text = "\t".join([
                      row["disease"], ", ".join(row["Symptom"][1:-1].split(",")).replace("'", ""),
                      row["reason"], ", ".join(row["TestsAndProcedures"][1:-1].split(",")).replace("'", ""),
                      ", ".join(row["commonMedications"][1:-1].split(",")).replace("'", "")])
                  disease_symptom_context += "\n"
                  disease_symptom_context += text

              health_care_context = ""
              for index, row in health_care_df.iterrows():
                  health_care_context += "\nQuestion: "
                  health_care_context += row["text"]
                  health_care_context += "\nAnswer: "
                  health_care_context += row["answer"]
                  health_care_context += "\n"

              context = f"""We have table of diseases and corresponding symptoms:

          {disease_symptom_context}

          We also have related question and answer from a docter and patient:

          {health_care_context}

          Based on above information, answer the question:

          Question: {query}

          Answer:
          """
              return get_gpt4_response(context, max_tokens=4096)

In [17]:  symptom_handler(
              "I've been coughing a lot lately, my nose is running and I have a headache. What should I do?",
              disease_symptom_ann,
              health_care_ann,
              embedding_model, 3, disease_symptom_embedding_df, health_care_embedding_df
          )

Out[17]:  "Based on the symptoms you've mentioned, it seems you might be experiencing a common cold or seasonal allergies. It's genera
          lly advised to get plenty of rest, stay hydrated, and use over-the-counter medications like pain relievers and decongestants
          to help alleviate your symptoms. If your symptoms persist or worsen, it's a good idea to consult your healthcare provider fo
          r a thorough evaluation and further guidance."
```

图 8-7　诊疗意见

```
In [18]:  def open_qa_handler(query):
              context = f"""A question is provided below. Given the question, extract keywords from the text. Focus on extracting the k

          Question: What is COVID?
          Keywords: COVID, coronavirus, pandemic

          Question: What is the difference between bacteria and viruses?
          Keywords: bacteria, viruses

          Question: {query}
          Keywords: """
              keywords = get_gpt4_response(context).split(",")

              related_knowledge = []
              for keyword in keywords:
                  wiki_search_result = wikipedia.search(keyword)
                  if len(wiki_search_result) == 0:
                      continue
                  wiki_content = wikipedia.page(wiki_search_result[0]).content
                  related_knowledge.append(wiki_content)
              if len(related_knowledge) == 0:
                  return "Sorry, I can't find related knowledge."
              related_knowledge = "\n".join(related_knowledge)
              context = f"""Context information is below.

          {related_knowledge}

          Given the context information and not prior knowledge, answer the question: {query}"""
              return get_gpt4_response(context, max_tokens=1028)

In [21]:  open_qa_handler("What is decongestants used to treat?")

Out[21]:  'Decongestants are used to treat nasal congestion in the upper respiratory tract, which may occur in allergies, infections l
          ike the common cold, influenza, sinus infection, nasal polyps, and conjunctivitis by reducing redness.'
```

图 8-8　开放性医疗问答

第 3 步，编写药物副作用问答的提示，如图 8-9 所示，又分为以下几步。

❑ 首先搜索 药物副作用 ANN 索引，找到相关知识。

❑ 基于检索到的知识，生成回答。

```
In [22]:  def side_effect_handler(query, ann_index, embedding_model, top_n_knowledge, embedding_df):
              answer = search_ann_index(
                  ann_index,
                  query,
                  embedding_model,
                  top_n_knowledge,
                  embedding_df)
              knowledge = "\n\n".join(answer['text'].to_list())

              context = f"""Answer the question based on the context below:

          {knowledge}

          Question: {query}

          Answer:
          """
              return get_gpt4_response(context)

In [23]:  side_effect_handler(
              "what is the side effect of taking antihistamines",
              drug_side_effect_ann, embedding_model, 3, drug_side_effect_embedding_df)

Out[23]:  'The side effects of taking antihistamines may include drowsiness, dizziness, dry mouth, nose, or throat, blurred vision, co
          nstipation, upset stomach, and difficulty urinating. Some people may also experience headache, fast heart rate, or feeling r
          estless or nervous. It is important to note that not everyone experiences these side effects, and they may vary depending on
          the specific antihistamine taken.'
```

图 8-9 药物副作用问答

还可以将对话内容整理成询诊记录。将所有模块整合在一起并进行测试，效果如图 8-10 所示。

```
In [26]:  def ask_docter(query, history_list):
              if "bye" in query.lower():
                  answer = medical_record_handler(history_list)
                  return "Here is the medical record for the patient: \n" + answer, history_list
              else:
                  intent = intent_classification(query)
                  if intent == "open Q&A":
                      answer = open_qa_handler(query)
                  elif intent == "symptom description":
                      answer = symptom_handler(query,  disease_symptom_ann, health_care_ann, embedding_model, 3, disease_symptom_embedd
                  elif intent == "side effect Q&A":
                      answer = side_effect_handler(query, drug_side_effect_ann, embedding_model, 3, drug_side_effect_embedding_df)
                  history_list.append(f"Patient: {query}")
                  history_list.append(f"Docter: {answer}")
                  return answer, history_list

In [77]:  history_list = []
          answer, history_list = ask_docter(
              "I've been coughing a lot lately, my nose is running and I have a headache. What should I do?", history_list)
          print(answer)

          It sounds like you may be experiencing symptoms of a common cold or seasonal allergies. In both cases, you can try over-the-
          counter medications like antihistamines (e.g., cetirizine or loratadine) or decongestants (e.g., pseudoephedrine) to help al
          leviate your symptoms. Drinking plenty of fluids, getting enough rest, and using a humidifier can also help you feel better.

          If your symptoms persist, worsen, or are accompanied by other concerning symptoms such as high fever or difficulty breathin
          g, it is advisable to consult a healthcare professional for further evaluation and guidance.

In [82]:  answer, history_list = ask_docter(
              "What is loratadine used to treat?", history_list)
          print(answer)

          Loratadine is used to treat allergies, including allergic rhinitis (hay fever) and hives. It helps in relieving symptoms lik
          e sneezing, runny nose, and itchy or burning eyes.

In [83]:  answer, history_list = ask_docter(
              "what is the side effect of taking loratadine", history_list)
          print(answer)

          Common side effects of taking loratadine may include headache, feeling tired or drowsy, stomach pain, vomiting, dry mouth, o
          r feeling nervous or hyperactive. Serious side effects may include hives, difficult breathing, swelling of the face, lips, t
          ongue, or throat, fast or uneven heart rate, severe headache, or a light-headed feeling.
```

图 8-10 整体效果测试

8.6 应用实战：基于ChatGPT的跨境电商营销和运营

下面将落地到"跨境电商"这个垂直行业，看看有哪些场景可以通过大模型进行优化，哪些痛点可以通过大模型解决。注意，此处我们讨论的"跨境电商"指的是从中国出口的货物贸易电子商务。中国的出口跨境电商行业在全球市场上具有重要地位，通过跨境电商平台和创新的供应链管理，中国企业能够更高效地接触到全球消费者，扩大出口规模，并通过物流、支付和跨境服务等方面的创新提高交易效率，促进国际贸易的便利化和增长。

我们将以ChatGPT作为大模型的例子，探索如何把ChatGPT应用到跨境电商日常工作中的场景。

在讨论具体场景之前，先来看看普通用户使用ChatGPT的方式。

A. SaaS产品操作：即使用专业的SaaS工具，如copy.ai或者jasper.ai，订阅其服务后在网站内使用定制化的产品。用户只需提供若干选项或者按要求填空即可，SaaS工具利用已经内置好的提示词模板，组装好提示词后调用ChatGPT。用户通过点击选择按钮或者下拉框来使用ChatGPT。

B. 聊天对话使用：即登录OpenAI的官网，在其官网的chat聊天页面使用ChatGPT。此时用户需要自己构造提示词。

通常来说，A方案比较适合需求已经明确，会反复使用的固定场景，通过SaaS工具已经内置的提示词，降低了使用门槛，提高了工作效率，非常适合于新手。而B方案适合那些点对点的随机临时的场景，例如突然接到一个紧急任务要改写一篇宣传营销文案，没有成熟的SaaS有类似定制功能。就好比去麦当劳点餐，当不知道吃什么的时候，可以点热门售卖的套餐，套餐里的食物已经被搭配好，这就是A方案；但如果是个健身达人去吃麦当劳，他明确知道哪些食物热量高，对食物的糖分和脂肪了如指掌，这个时候他选择单点各种食物，定制化自己的套餐，能使得选择的食物更匹配他的需求，这就是B方案。A方案和B方案各有优劣，但要记住的是，

Chatbot 对话机器人并不是大模型的最终形态和唯一形态。Chatbot 对话机器人是灵活可控的，能解决不确定的问题，就像 B 方案，但对于重复固定的需求，产品点击更高效，就比如 A 方案。

接下来看看，如何自己设计提示词，使用 B 方案，在跨境电商领域使用 ChatGPT。

8.6.1 广告营销

广告营销在跨境电商领域的重要性不可忽视，它通过提高品牌知名度、目标市场定位、产品推广和销售增长等手段，帮助企业在全球市场中脱颖而出。同时，广告营销也有助于建立消费者信任和忠诚度，促进跨文化传播和适应，让企业在全球范围内获取更多的客户和业务机会。

对于中国的跨境电商卖家来说，广告营销是一个非常典型的场景，既需要有专业的行业领域知识，也需要对英语和当地文化有特别的了解，对相关从业人员的要求是非常高的。不是每一个中国跨境电商卖家都对英语地道的表达手法了如指掌，例如面对即将到来的圣诞节，想写一个 Instagram 风格的广告文案，既要有营销文案的撰写能力，又需要对地道的英语表达非常擅长，这个时候可以借助 ChatGPT，让 ChatGPT 来帮助写多语种的，并且符合当地文化喜好的营销文案。可以使用如下提示词生成广告文案。

"你是一名广告营销专家，请根据以下要求写一份广告文案：

1）广告文案的受众是美国中年白人女性；

2）Instagram 风格，重点突出，醒目，容易阅读；

3）用英文撰写，100 单词以内；

4）文案的口吻温柔动人，所宣传的生活方式令人向往；

5）此选择文案对应的是即将到来的圣诞节；

6）所宣传的产品是一款中端纯羊毛围巾，单价 59.99 美元。"

ChatGPT 返回的结果如下，可以看到，ChatGPT 用了很多适合羊毛围巾的形容词，搭配在一起非常贴切，并且为了适配 Instagram 风格，还加入 emoji 表情。

"🎄Experience the magic of Christmas with our Pure Wool Scarf. Priced at just $59.99, it's your cozy companion for those winter wonderland walks.

Crafted for the woman who cherishes warmth and elegance. Its soft touch is a gentle embrace, a whisper of luxury in the crisp winter air.

This Christmas, gift yourself a lifestyle of comfort and style. Because you deserve the gentle touch of pure wool. 🎁

#ChristmasGift #WoolScarf #HolidayShopping #GiftForHer #CozyLuxury"

除了营销文案撰写，在对一款产品进行搜索引擎关键词投放时，我们希望身边的关键词优化专家给我们一些关键词提示，或者想查询竞争对手产品有可能用了哪些关键词做投放，就可以借助 ChatGPT。例如输入提示词："请为这个产品 https://www.amazon.com/dp/B081H43WV2 生成搜索引擎投放的关键词，生成 5 个即可。"

ChatGPT 返回的结果如下。可以看到，ChatGPT 爬取了（通过 LinkReader 插件）亚马逊 Amazon 的产品页面，然后对页面上的产品进行了分析，给出了 5 个投放的关键词。用此种方法让 ChatGPT 生成关键词，可以打开思路，或者作为关键词的优化起点。更深的关键词优化，还需要特定的领域知识或依靠专家来进行。

Based on the product description and reviews, here are five potential keywords for search engine advertising:

"Comfortable Office Chair"

"Affordable Home Office Chair"

"Quality Work Chair"

"Stylish White Office Chair"

"Durable Study Chair"

These keywords highlight the main features and benefits of the product, which are its comfort, affordability, quality, style, and durability.

8.6.2　销售运营

销售运营在跨境电商领域扮演着重要的角色。它涉及管理和优化整个销售流程，包括库存管理、订单处理、物流配送和售后服务等。通过有效的销售运营，企业能够提高销售效率、降低成本、提供良好的购物体验，并增强客户满意度。作为跨境电商卖家，最担心的就是客户在产品页面留下的差评。面对不同买家针对不同产品的不满而留下的差评，我们如何写邮件挽回买家呢？这个时候也可以借助 ChatGPT，例如可以使用如下提示词。

"你是一位客户服务的 AI 助手。你的任务是给一位客户发送道歉邮件，并委婉请求客户把在 Amazon 上留下差评删掉。客户留下的差评在下方以 ``` 分隔。

你的邮件回复有以下要求：

1）语气诚恳，能打动客户，让客户无法拒绝你的请求；

2）表明我们可以提供退款或者换货服务；

3）用英文，100 个单词以内。

客户差评：```I paid for a like new watch but got an acceptable condition watch. Shipping was very fast which I appreciate. The battery health is 84%. For a "like new" watch?? Not impressed. I was offered an exchange but have to send the watch back first and then wait to get another watch and only God knows what that second watch will look like or function. The exchange process sounds lengthy and to be honest I don't trust this vendor/seller so I'll just lick my wounds and not purchase from them again.``` "

ChatGPT 返回的结果如下。首先可以看到，ChatGPT 撰写的邮件标题醒目，直接阐明邮件目的。邮件正文非常诚恳地对产品质量问题进行了道歉，最后委婉地请求删除差评。邮件的语气非常符合道歉的内容。

Subject: Our Sincere Apologies and Immediate Solution for Your Recent Purchase

Dear Customer,

We're truly sorry for the disappointment with your recent purchase. We understand your concerns and deeply regret the inconvenience.

We're committed to making this right. We'd like to offer you a full refund or an immediate replacement, with all shipping costs covered by us. We assure you that any replacement will be thoroughly inspected to meet your expectations.

We value your trust and would be grateful if you would consider revising your Amazon review once we've resolved this issue to your satisfaction.

Best regards,

[Your Name]

[Your Position]

[Your Contact Information]

另外，对于跨境电商卖家来说，一个简洁而吸引人的产品描述，是吸引消费者购买的重要因素之一，我们可以利用 ChatGPT 来生成符合要求的产品描述，并用地道的英文表达，例如使用如下提示词。

"你是一名资深的电子商务卖家，现在需要你来帮我们写产品的 5 点描述 bullet points，要求如下：

1）我们的产品是一款纯色羊绒围巾，单价 59.99 美元，主要消费者是白人中年女性；

2）产品会发布在 Amazon.com 上，请写出符合 Amazon.com 规则的 5 点产品描述。要符合 Amazon 的规范，比如不能出现价格和相关敏感词；

3）产品描述重点突出，醒目，每条不超过 20 个单词；

4）请突出高级的生活方式，让人有购买欲。"

ChatGPT 返回的结果如下，可以看到 ChatGPT 生成的 5 点产品描述，不仅标粗了重点词，而且每条简洁明了，重点突出，几乎达到了可以立即直接使用的水准。

Luxurious Comfort: Indulge in the ultimate softness and warmth with our 100% cashmere scarf.

Elegant Style: Our solid color design adds a touch of sophistication to any outfit, perfect for all occasions.

Ideal Gift: A thoughtful and luxurious gift for the special women in your life, perfect for any celebration.

Premium Quality: Crafted from pure cashmere, offering superior warmth and durability for a lasting experience.

Elevate Your Lifestyle: Embrace a lifestyle of elegance and comfort with our cashmere scarf, a symbol of refined taste.

8.6.3 独立自建站

独立站在跨境电商领域具有非常重要的地位，它是指企业在自己的网站上搭建和经营跨境电商业务，独立于第三方电商平台。独立站的重要性在于提供了更大的自主权和控制权，企业可以自由定制品牌形象、用户体验和营销策略，建立独特的品牌形象和声誉。

在国外消费者眼里，独立站的 About Us 页面是非常重要的，但这个页面往往被广大中国卖家所忽视。国外消费者希望看到的企业价值观是积极向上的，企业的理念是环保低碳的，他们更愿意在和自己价值观相近的独立站上购买商品。例如可以使用如下提示词。

"你是一名资深的品牌专家，你的任务是帮我们的电商独立网站写一篇 About us 文章。细节需求如下：

1）我们的产品是一款中高端的纯色羊绒围巾，面向美国白人中年女性；

2）这篇 About us 要能够吸引消费者信任并喜爱我们的品牌；

3）将我们的产品和 ESG 理念结合，同时可以用讲故事的方法体现种族和性别平等；

4）宣扬我们独立奋斗和积极向上的企业文化和价值观；

5）用英文写，200 个单词以内。层次分明，重点突出。"

ChatGPT 返回的结果如下，可以看到 ChatGPT 生成的 About

Us 介绍，非常符合北美消费者对于 ESG 和平等理念的认可，瞬间拉近了消费者的距离。整篇文章热情洋溢，积极向上，是非常有感染力的。

Welcome to our world of elegance and warmth, where luxury meets sustainability. We are an independent brand, passionately crafting high-end pure cashmere scarves for the sophisticated middle-aged Caucasian women of America.

Our story began with a vision: to create a product that not only radiates style but also resonates with our commitment to Environmental, Social, and Governance (ESG) principles. Our scarves are more than just an accessory; they are a statement of responsible luxury.

Weaved into the fabric of our brand is a tale of diversity and equality. Our journey has been shaped by the diverse hands that craft our scarves, each thread spun with respect for racial and gender equality. We believe in the power of unity in diversity, and our operations reflect this belief.

Our culture is one of resilience and optimism. We are a team of dreamers and doers, tirelessly pursuing excellence while staying true to our values. We believe in the power of perseverance and the spirit of entrepreneurship, and these values are interwoven into the very fabric of our scarves.

We invite you to join us on this journey of sustainable luxury. Trust in us, love our brand, and together, let's make a difference. Here's to a warm, stylish, and sustainable future!

参 考 文 献

[1] LIU P, YUAN W, FU J, et al. Pre-train, prompt, and predict: a systematic survey of prompting methods in natural language processing[J]. ACM computing surveys, 2023, 55(9): 1-35.

[2] BROWN T B, MANN B, RYDER N, et al. Language models are few-shot learners[J/OL]. 2020.DOI:10.48550/arXiv.2005.14165.

[3] WEI J, WANG X Z, SCHUURMANS D, et al. Chain-of-thought prompting elicits reasoning in large language models[J]. arXiv preprint arXiv:2201.11903, 2022.

[4] ARORA S N. Ask me anything: a simple strategy for prompting language models[J]. arXiv preprint arXiv:2210.02441, 2022.

[5] DIAO S W. Active prompting with chain-of-thought for large language models[J]. arXiv preprint arXiv:2302.12246, 2023.

[6] KOJIMA T, GU S, REID M, et al. Large language models are zero-shot reasoners[J]. Advances in neural information processing systems, 2022, 35: 22199-22213.

[7] LESTER B, AL-RFOU R, CONSTANT N. The power of

scale for parameter-efficient prompt tuning[J]. arXiv preprint arXiv:2104.08691, 2021.

[8] LI Y, LIN Z, ZHANG S, et al. On the advance of making language models better reasoners[J]. arXiv preprint arXiv:2206.02336, 2022.

[9] LI Z, PENG B, HE P, et al. Guiding large language models via directional stimulus prompting[J]. arXiv preprint arXiv:2302.11520, 2023.

[10] LIU J, LIU A, LU X, et al. Generated knowledge prompting for commonsense reasoning[J]. arXiv preprint arXiv:2110.08387, 2021.

[11] MIN S, LYU X, HOLTZMAN A, et al. Rethinking the role of demonstrations: what makes in-context learning work?[J]. arXiv preprint arXiv:2202.12837, 2022.

[12] SUN Z, WANG X, TAY Y, et al. Recitation-augmented language models[J]. arXiv preprint arXiv:2210.01296, 2022.

[13] WANG X, WEI J, SCHUURMANS D, et al. Self-consistency improves chain of thought reasoning in language models[J]. arXiv preprint arXiv:2203.11171, 2022.

[14] ZHANG Z, ZHANG A, LI M, et al. Multimodal chain-of-thought reasoning in language models[J]. arXiv preprint arXiv:2302.00923, 2023.

[15] ZHOU D, SCHARLI N, HOU L. Least-to-most prompting enables complex reasoning in large language models[J]. arXiv preprint arXiv:2205.10625, 2022.

[16] ZHOU Y M, MURESANU A, HAN Z W. Large language models are human-level prompt engineers[J]. arXiv preprint arXiv:2211.01910, 2022.

[17] LAZARIDOU A, GRIBOVSKAYA E, STOKOWIEC W, et al. Internet-augmented language models through few-shot

prompting for open-domain question answering[J]. arXiv preprint arXiv:2203.05115, 2022.

[18] PENG B, GALLEY M, HE P, et al. Check your facts and try again: improving large language models with external knowledge and automated feedback[J]. arXiv preprint arXiv:2302.12813, 2023.

[19] SUN W, YAN L, MA X, et al. Is ChatGPT good at search? Investigating large language models as re-ranking agent[J]. arXiv preprint arXiv:2304.09542, 2023.

[20] GILARDI F, ALIZADEH M, KUBLI M. ChatGPT outperforms crowd-workers for text-annotation tasks[J]. arXiv preprint arXiv: 2303.15056, 2023.

[21] YU F, QUARTEY L, SCHILDER F. Legal prompting: Teaching a language model to think like a lawyer[J]. arXiv preprint arXiv: 2212.01326. 2022.

[22] LI Y, LI Z, ZHANG K, et al. ChatDoctor: a medical chat model fine-tuned on a large language model Meta-AI (LLaMA) using medical domain knowledge[J]. arXiv preprint arXiv: 2303.14070, 2023.

[23] WANG S, ZHAO Z, OUYANG X, et al. ChatCAD: interactive computer-aided diagnosis on medical image using large language models[J]. arXiv preprint arXiv: 2302.07257, 2023.